U0120859

CROCHET BAG
青木惠理子的四季钩编包包

〔日〕青木惠理子 著
蒋幼幼 译

APRIL
NOVEMBER
FEBRUARI
12
AUGUSTUS

河南科学技术出版社
·郑州·

目录

本书从春、夏、秋、冬四个季节为大家介绍每个月适用的包包。

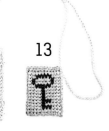

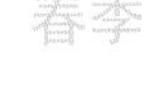

春季

夏季

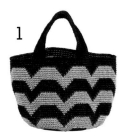

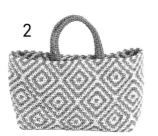

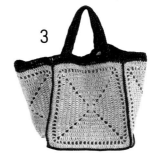

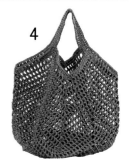

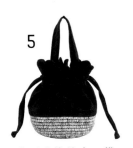

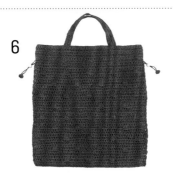

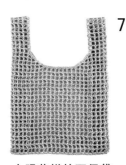

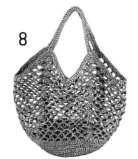

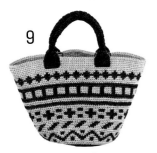

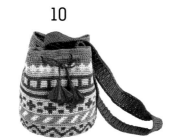

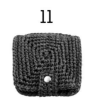

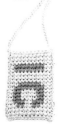

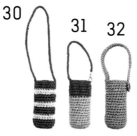

March 3月

在春天编织花朵花样，
成年人用起来，显得低调又雅致。

春季

1 花形底部的手提包

底部是8片花瓣，包身呈现涟漪一般的波浪形花样。如果有人看出花朵并会心一笑，那就更让人开心了。

制作方法 » p.36

3 正方形花片手提包

由5片正方形花片拼接而成。制作要点是统一所有花片的大小。仿佛梯子的镂空花样，使作品看上去十分轻巧。

制作方法 » p.57

2 菜篮子风手提包

配色几何花样是做环状的往返编织。菱形图案轮廓清晰，让人有种精神倍增的感觉。

制作方法 » p.50

April 4月

生活开始进入新的阶段，
方形包包将会非常实用。

May **5月**

最适合散步和野餐的季节。
将寓意幸福的花样藏在包底吧。

4 四叶草底部的网兜

这款作品是从正方形花片的底部接着往上编织而成的。
在方眼花样中用长针钩织出四叶草花样，制作成了网兜。

制作方法 » p.52

June 6月

多雨的季节，不妨编织束口袋吧。
亮色让人心情愉悦，细节可以彰显品质。

夏季

5 扇形边缘的束口袋

底筐部分采取了2行看似1行的编织方法，非常结实。束口部分的扇形边缘略显复杂，但是看上去可爱了许多。

制作方法 » p.54

6 枣形针的豆豆束口袋

很喜欢这种似有似无、隐约可见的小圆球。也可以不收紧袋口，直接用作方形手拎包。

制作方法 » p.67

7 方眼花样的环保袋

说到环保袋，往往是塑料袋的形状。
银色线编织的方眼花样夏日感十足。
质地轻柔，随身携带非常方便。

制作方法 » p.60

July 7月

使用阳光下熠熠生辉的线材，
设计了这款网兜。

8 松叶针条纹网兜

将网眼针的一部分改成松叶针，勾勒出纵向线条，形成了提手与底部相连的视觉效果。

制作方法 » p.59

August 8月

搭配简单的夏装作为点缀，
图案清晰的包包怎么样？

9 瓦尤族特色的马歇尔包

用加密短针进行配色编织。编织的过程可能有点
辛苦，但是编织出来的图案非常漂亮。

制作方法 » p.62

10 瓦尤族特色的束口单肩包

使用的图案与p.14的马歇尔包相同，改成了彩色的束口型设计。只是配色和结构发生了变化，最后呈现的效果却截然不同。

制作方法 » p.64

配饰

用少量的线就能编织，可以充分利用零头线。
都是想要放入包包的小单品。

11
12
13

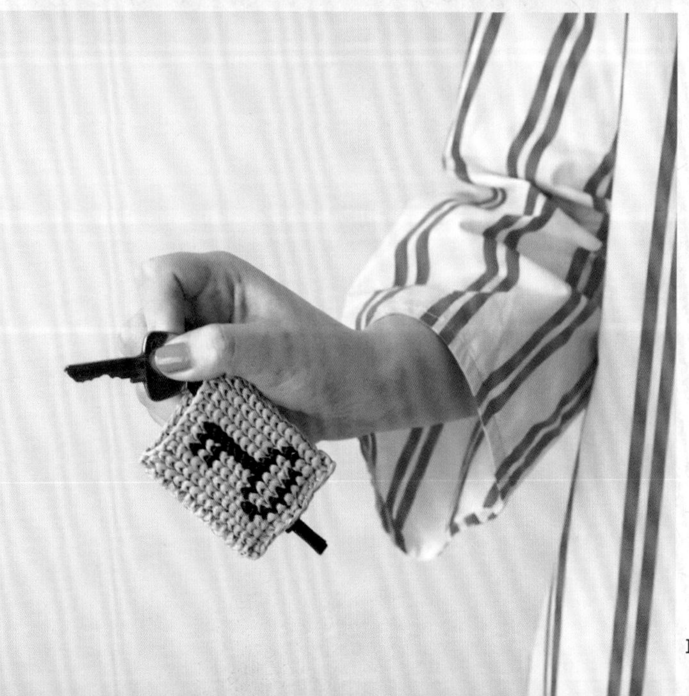

11 零钱包

将四棱柱的主体像风车一样压出折痕。如今很少用现金了，用作小药盒也不错。

制作方法 » p.66

12 卡包

针目的纵横比例接近1：1，图案整齐美观。挂绳的长度可以按个人喜好调整，也可以系在包包的提手上。

制作方法 » p.49

13 钥匙包

钥匙图案的配色花样非常直观。为了使加密短针钩织起来更方便一点，将起针连接成环形后开始编织。

制作方法 » p.49

秋季

September 9月

秋日游玩或艺术鉴赏时随身携带再合适不过了，
包包的结构和形状的变化别出心裁。

14 可变造型的两用包

将直径8cm的塑料环包在针目里钩织，
既可以作为单肩包的连接环，也可以变
换方向作为提手使用。

制作方法 » p.68

October 10月

在节日庆典比较多的季节，
就来编织方便活动又百搭的斜挎包吧。

15 斑马纹斜挎包

环形钩织短针会发生斜行现象，其程度因人而异。所以设计了这款花样，无论编织时手的松紧度如何都可以“顺其自然”。

制作方法 » p.70

16 流苏斜挎包

剪开圈圈针就是流苏了。用3根细线合股编织，打造出浓密的感觉。

制作方法 » p.71

November 11月

适合季节交替之际搭配的基础款包包，
任何年龄和性别都可以使用。

17 前置口袋的托特包

因为使用的是和纸线，编织成片后可以进行“折叠”，毫无违和感。侧边和口袋的设计非常方便。

制作方法 » p.72

199 ELEMENTARY ALGEBRA

5. Two numbers differ by 9, and [illegible] of the greater is equal to [illegible] of the smaller. Find the numbers.

6. Find two consecutive numbers such that [illegible] of the greater exceeds [illegible] of the smaller by 1.

7. The sum of two numbers is 56, and one is [illegible] of the other What are the numbers?

8. A certain number is increased by 2, the sum multiplied by 3, the product divided by 2, the quotient increased by 2, the sum multiplied by [illegible], and the result is found to be 12. What is the number?

9. Find the sum of three consecutive numbers such that one half of the first, plus one third of the second, plus one fourth of the third, equals 16.

10. A's age is one third of his age 20 years hence; how old is he?

11. Five years ago a boy's age was one third of his age six years hence. How old is he now?

12. A boy's age is one fourth of his father's age, and in five years his age will be one third of his father's age. Find the father's present age.

13. A is 10 years older than B, and [illegible] of B's age is equal to [illegible] of A's age. Find their ages.

14. A is 40 years old, and B is half as old as A. In how many years will B be [illegible] as old as A?

15. The sum of the ages of a father and his son is 36, and in 10 years the son's age will be [illegible] of the father's age. Find their ages.

16. A post is a third of its length in the ground, a fourth of its length in water, and 14 feet above water. What is the length of the post?

17. A man left $41,000 to his wife, two sons, and two daughters. Each son received [illegible], and each daughter [illegible], of the wife's share. What was the share of each?

Aug 29 1945
HIGHLAND
POST CARD
Hello Barbara
This is my
last Wednesday
Miss
1 East Main St
Middleboro Mass

December 12月

天气转冷后，就可以使用羊毛线钩织的包包了。
用织物表现出了布料的纹理。

冬季

Star Advertiser
THURSDAY 5/9/19

18 格纹手提包

镂空花样像极了传统的“窗格纹”。
选择漂亮的颜色，可以与内衬形成视觉上的反差。

制作方法 » p.74

19 人字纹手提包

为了使前面的长长针保持倾斜的状态，采取了后面用长针作为支撑的双重结构设计。与木制提手的搭配也非常完美。

制作方法 » p.76

January 1月

从毛衣上汲取设计灵感的包包。
冬日气氛瞬间拉满。

20 考伊琴风迷你托特包

毛线的感觉和配色都很像考伊琴毛衣的风格。
动物图案是最喜欢的大象。

制作方法 » p.78

21 开衫造型的挎包

使用了非常经典的钩针阿兰花样。图案的设计考虑到了易于编织的交叉方向等因素。肩带部分相当于衣袖。

制作方法 » p.80

February 2月

作为冬季线系列的最后两款作品22和23，
用仿皮草线和马海毛线尝试编织有趣的包包吧。

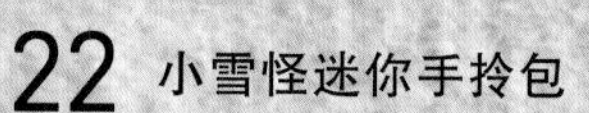

22 小雪怪迷你手拎包

这是本书唯一一款主要用棒针编织的包包。用毛茸茸的线配色编织了憨态可掬的小雪怪。

制作方法 » p.82

23 小绵羊手拎包

圈圈针最适合表现绵羊的身体了。如果用马海毛线编织会比较抢眼，所以头部和腿部用平直毛线编织，这样在视觉上可以起到平衡的效果。

制作方法 » p.84

配饰

让人欣然一笑的编织小物。
也可以改变颜色和花样，感受搭配的妙趣。

Vaseline
lip therapy
FRIZZANTE
BRIOSA
MELA

24 毛衣造型的化妆包

2条麻花花样从下摆罗纹往上自然延伸。领窝设计了前后差，增强了毛衣的真实感。

制作方法 » p.86

25 裙子造型的化妆包

很像英国传统的格纹短裙。制作化妆包时，改成了内工字褶的设计。

制作方法 » p.87

+1 可以加在包包上的小配件

充分利用零头线，或者使用不同材质的毛线，
小配件让手编包包更加充满乐趣。

26 包芯编织的手提包

包住PP绳一圈一圈地编织。就像陶艺中搓出的“泥条”，一层一层地往上叠加。

制作方法 » p.56

27
28
29

27、28、29 提手保护套

手提更方便、防止磨损、增添季节感……
真是实用的小物件。不妨用皮革、零布头、零头线尝试制作吧！

制作方法 » p.88

30、31、32

喷雾瓶小挂包

这里提供了3种款式，可以挂在包包的提手上。主体的尺寸和形状也可以根据想要放入的物品进行调整。

制作方法 » p.83

30

31

32

33 毛皮饰边

只需套在包口，手提包就有了冬天的感觉。使用仿皮草线编织，简单的花样也能呈现出奢华的感觉。

制作方法 » p.89

1 花形底部的手提包 图片 » p.4

首先了解一下制作方法页面的阅读方法和包包的制作过程吧。
同时详细介绍了让作品更加精美的小技巧。

[材料和工具]　※这里介绍了制作作品所需的主要材料和工具

达摩手编线 SASAWASHI 黑色（8）120g（5团），浅棕色（2）80g（4团）
钩针6/0号

[成品尺寸]

包口周长72cm，深20.5cm
（不含提手）

[编织密度]

10cm×10cm面积内：短针配色花样20针，16.5行

[编织要点]

●底部环形起针，参照图示一边加针一边按短针配色花样钩织18行。接着侧面无须加减针按短针配色花样钩织34行（底部和侧面都是包住渡线钩织配色花样）。
●提手钩织56针锁针起针，参照图示钩织3行短针。最后将提手缝在内侧的指定位置。

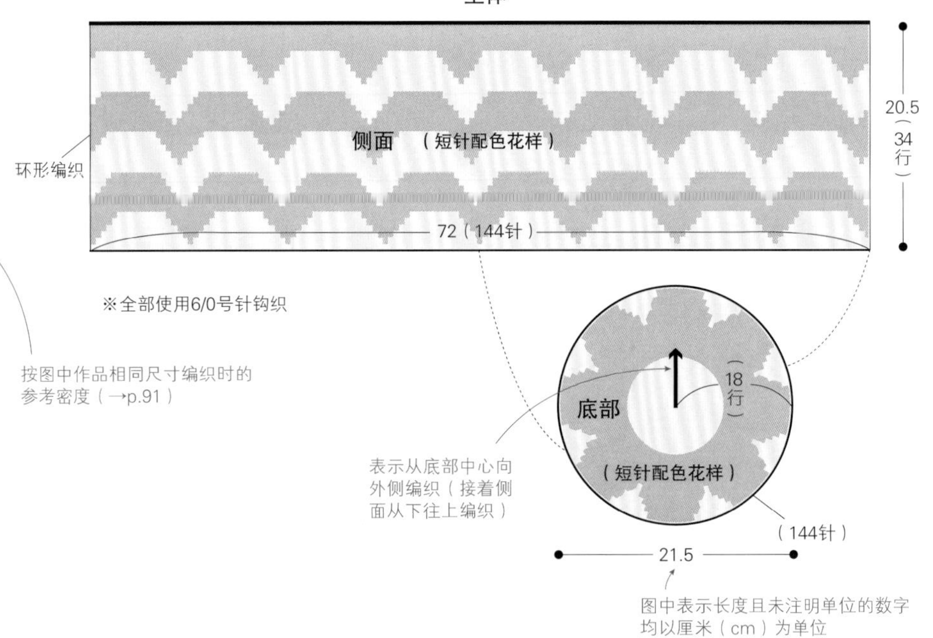
整体平面图…画出了织物整体的形状（展开图），
分别标注了各部分的尺寸、针数、行数、编织方法
主体
侧面（短针配色花样）
环形编织
20.5（34行）
72（144针）
※全部使用6/0号针钩织
按图中作品相同尺寸编织时的参考密度（→p.91）
底部
（短针配色花样）
18行
表示从底部中心向外侧编织（接着侧面从下往上编织）
（144针）
21.5
图中表示长度且未注明单位的数字均以厘米（cm）为单位

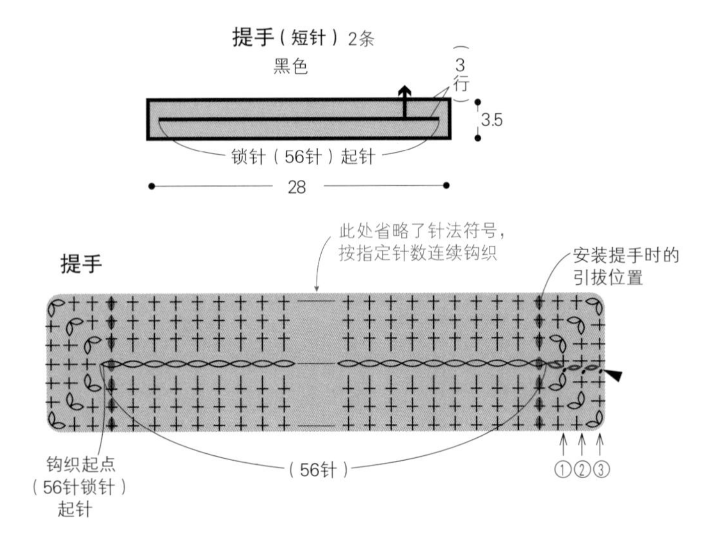
提手（短针）2条
黑色
3行
3.5
锁针（56针）起针
28
提手
此处省略了针法符号，按指定针数连续钩织
安装提手时的引拔位置
钩织起点（56针锁针）起针
（56针）
①②③

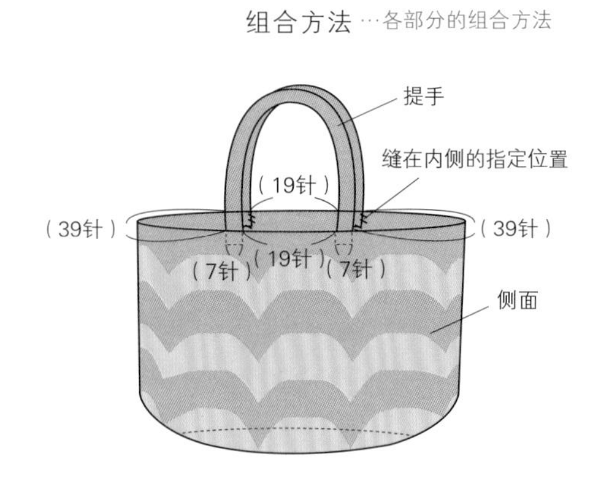
组合方法…各部分的组合方法
提手
缝在内侧的指定位置
（19针）
（39针）
（39针）
（7针）
（19针）
（7针）
侧面

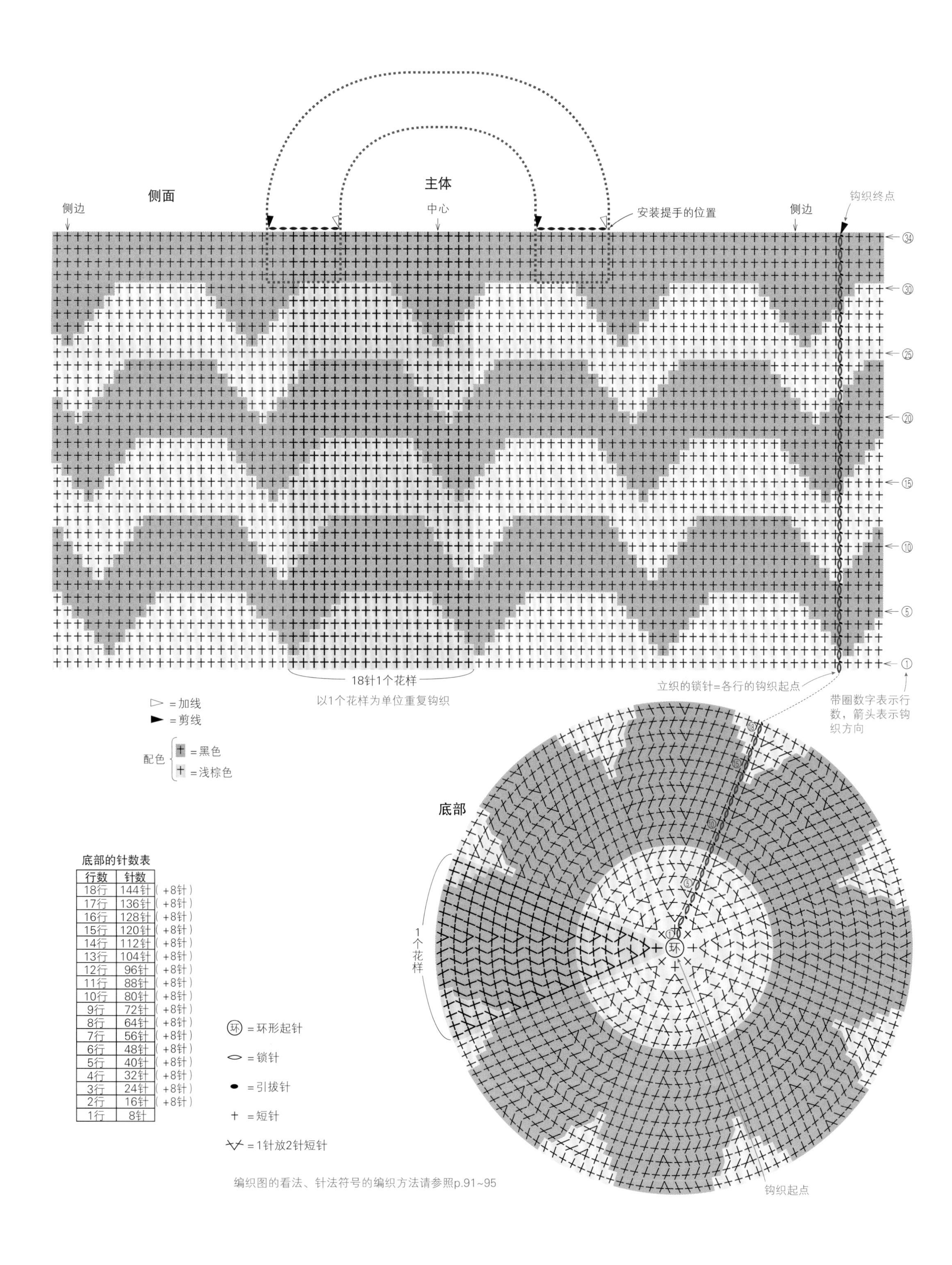
主体
侧面
侧边
中心
安装提手的位置
侧边
钩织终点
34
30
25
20
15
10
5
1
18针1个花样
以1个花样为单位重复钩织
立织的锁针=各行的钩织起点
带圈数字表示行数，箭头表示钩织方向
=加线
=剪线
配色
=黑色
=浅棕色
底部
1个花样
环
钩织起点
环 =环形起针
=锁针
=引拔针
+ =短针
=1针放2针短针
编织图的看法、针法符号的编织方法请参照p.91~95

底部的针数表

行数	针数	
18行	144针	(+8针)
17行	136针	(+8针)
16行	128针	(+8针)
15行	120针	(+8针)
14行	112针	(+8针)
13行	104针	(+8针)
12行	96针	(+8针)
11行	88针	(+8针)
10行	80针	(+8针)
9行	72针	(+8针)
8行	64针	(+8针)
7行	56针	(+8针)
6行	48针	(+8针)
5行	40针	(+8针)
4行	32针	(+8针)
3行	24针	(+8针)
2行	16针	(+8针)
1行	8针	

※为了便于理解，此处使用了不同颜色的线钩织

底部 ㊍ 环形起针（用线头制作线环）

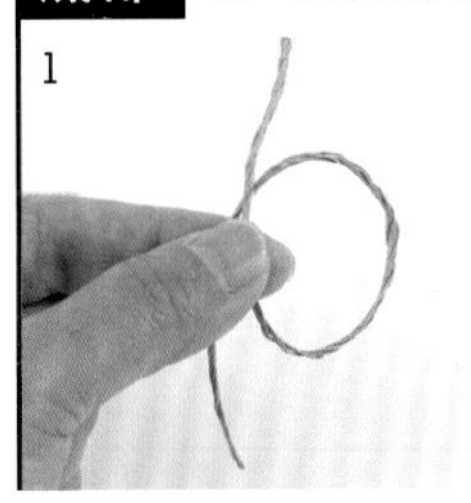
1

用线头制作线环。

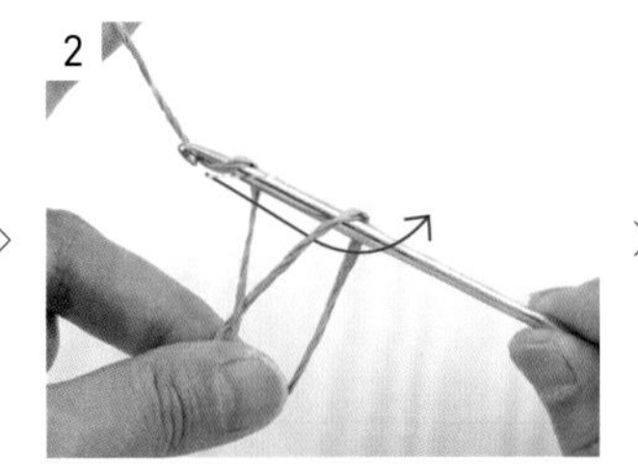
2

捏住线环的交叉处，针头挂线后拉出。这一针为预备针目（不计为1针）。

○ 锁针

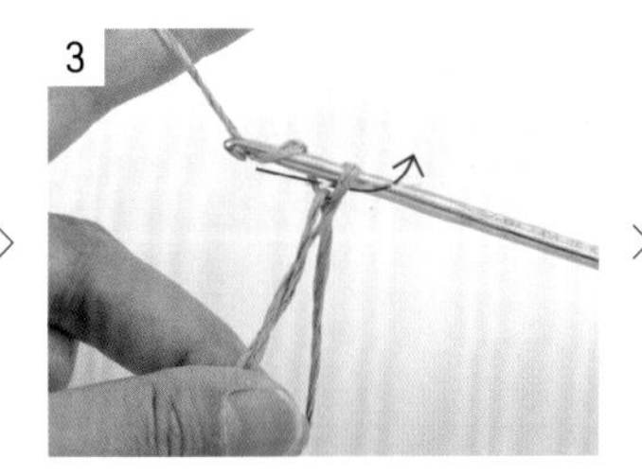
3

针头挂线，钩织1针锁针（起立针）。

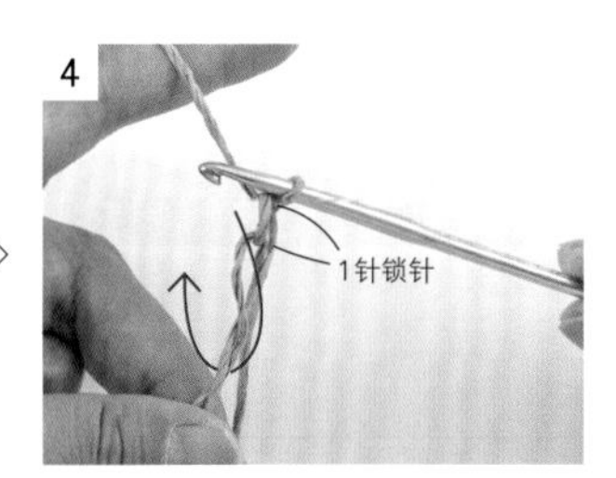
4
1针锁针

1针锁针完成后的状态。接着在线环中插入钩针。

+ 短针（在线环中挑针钩织，包住配色线钩织）

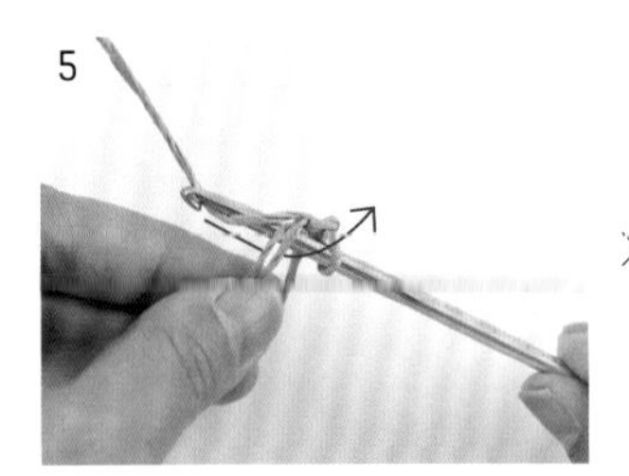
5

针头挂线，从线环中拉出。

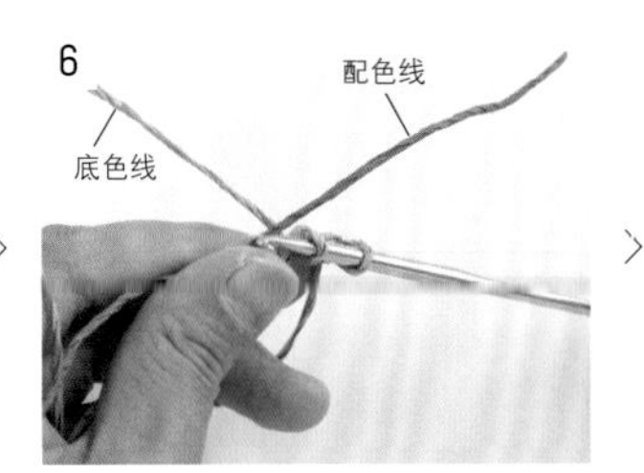
6
配色线
底色线

此时，将包在针目里钩织的线（配色线）放在正在钩织的线（底色线）上。

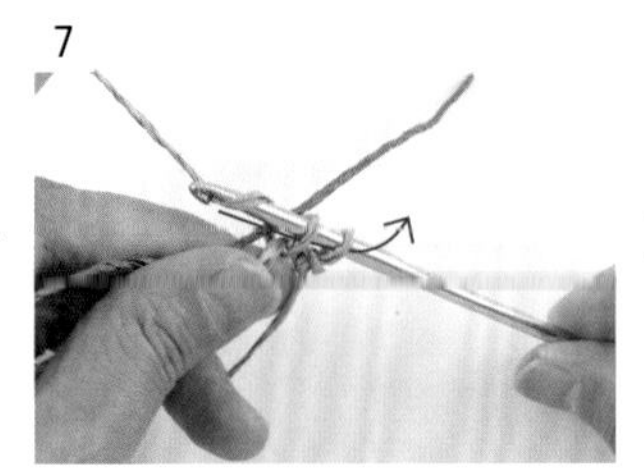
7

针头再次挂线，一次性引拔穿过针上的2个线圈。

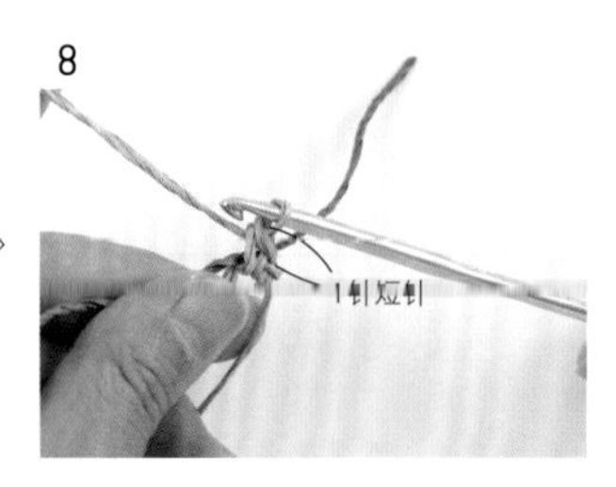
8

包住配色线钩织的1针短针完成。

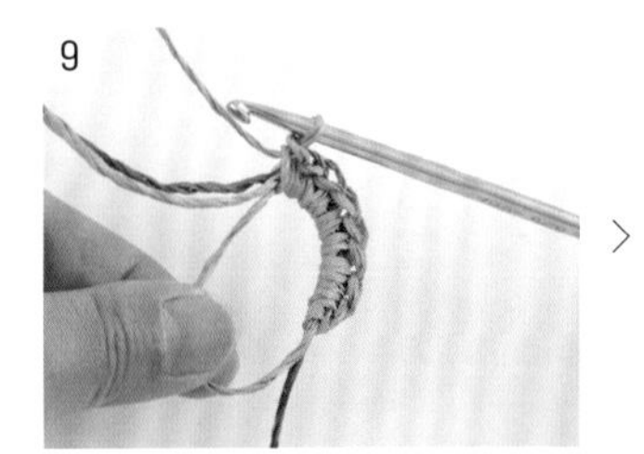
9

用相同方法钩织8针短针。

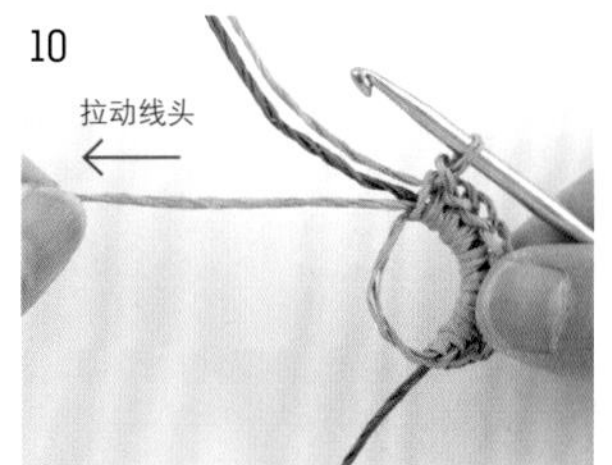
10
拉动线头

拉动线头，收紧线环。

• 引拔针（连接2个针目）

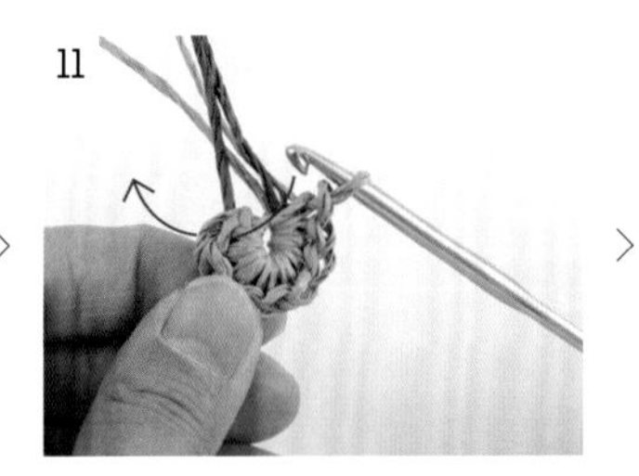
11

避开配色线，在第1针短针的头部插入钩针。
※注意不要与立织的锁针混淆

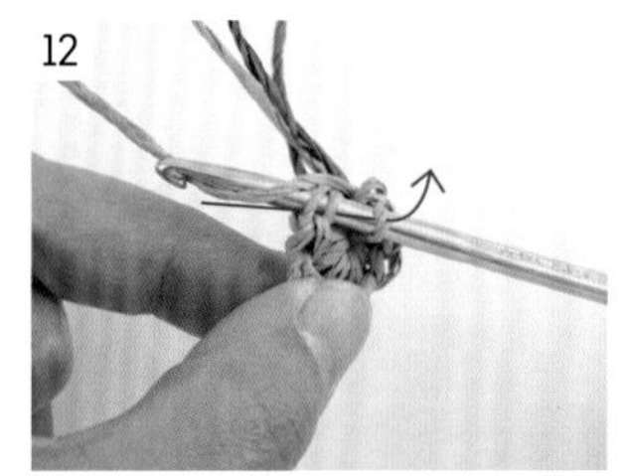
12

针头挂线，一次性引拔。

13

第1行完成。

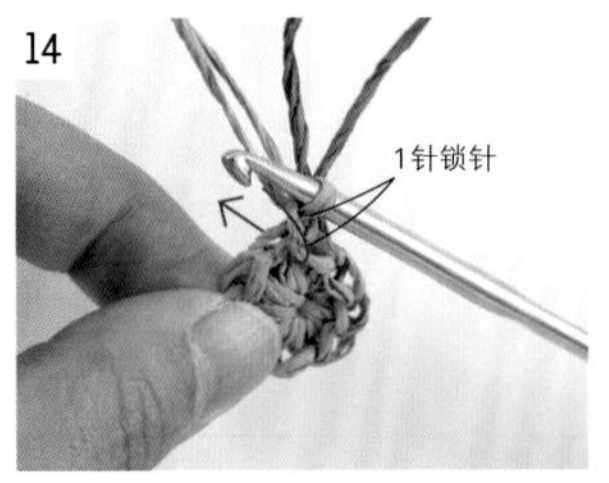
14
1针锁针

立织1针锁针，在第1行的第1针（与步骤11同一个针目）里插入钩针。

⋎ 1针放2针短针（=加针）

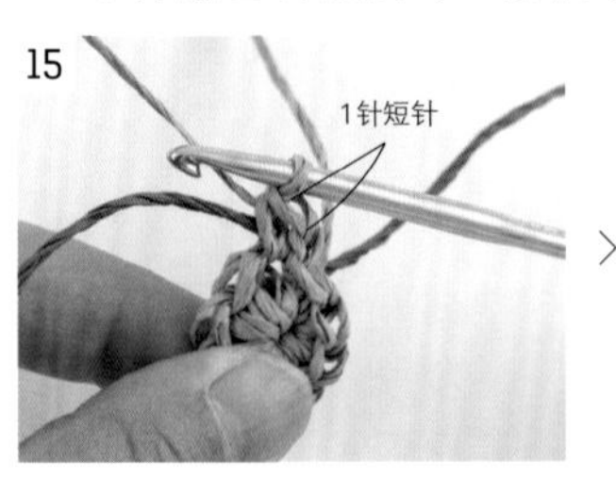
15
1针短针

包住配色线钩织1针短针。在同一个针目里再次插入钩针。

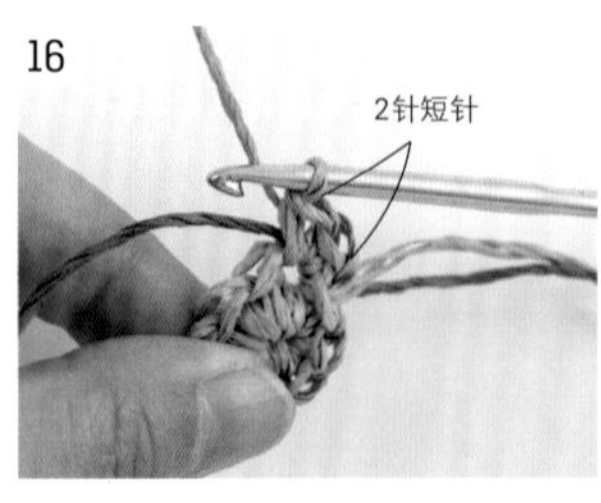
16
2针短针

再钩织1针短针，这样就在同一个针目里钩入了2针短针。第2行在8个针目里分别钩入2针短针。

在行与行的交界处换色的方法

17

钩织16针后，在第1针里插入钩针，挂线引拔（与步骤11一样，避开配色线）。

18

第3行立织1针锁针，包住配色线交替钩织“1针短针”和“1针放2针短针”。

19

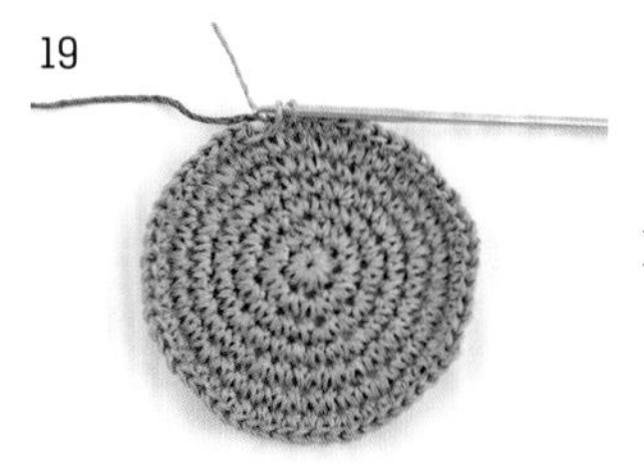

按符号图一边加针一边钩织至第7行最后一针的中途（未完成的短针→p.92）。每行最后的连接处避开配色线引拔。

20

在未完成的短针状态下，将配色线挂在针头，引拔穿过针上的2个线圈（钩织短针）。

21

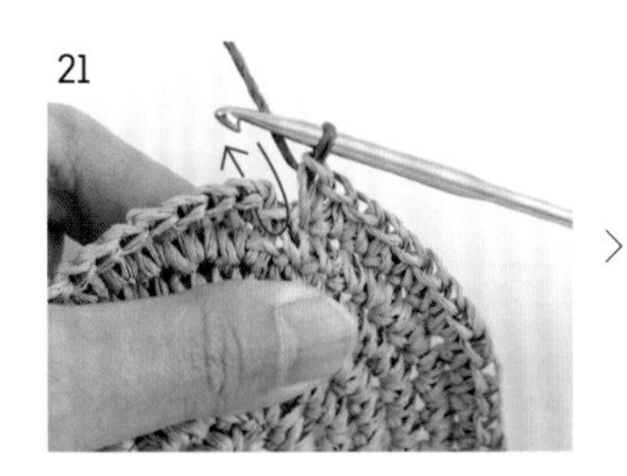

第7行的最后一针短针完成，针上的线圈换成了配色线。避开底色线，在第1针里插入钩针引拔。

22

引拔后的状态。第7行完成。

23

第8行。将底色线放置一边，立织1针锁针。

24

①
②

在步骤21同一个针目里插入钩针，将①底色线平行放在织物边上拿好，将②配色线挂在针头向前拉出，钩织短针。

25

包住底色线，用配色线钩织1针短针后的状态。

在一行的中途换色的方法

26

用配色线钩织至第14行第13针未完成的短针状态。将底色线挂在针头引拔。

27

第13针的短针完成。针上的线圈换成了底色线。在下个针目里插入钩针，挂线后拉出。

28

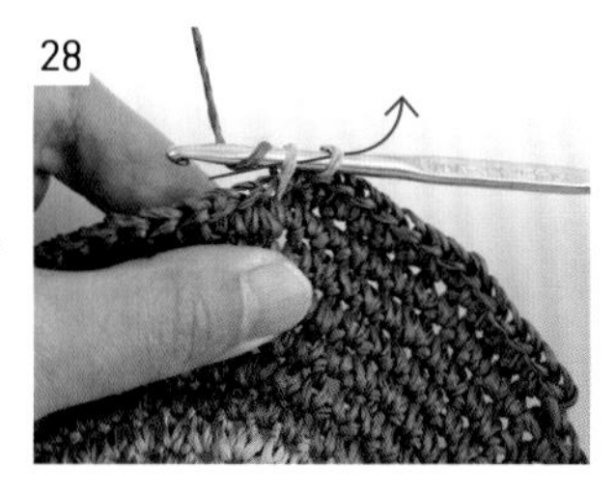

这是第14针未完成的短针状态。将配色线挂在针头引拔。

29

第14针完成。按此要领，在未完成的短针状态下，最后的引拔换成下一针的线钩织。

30

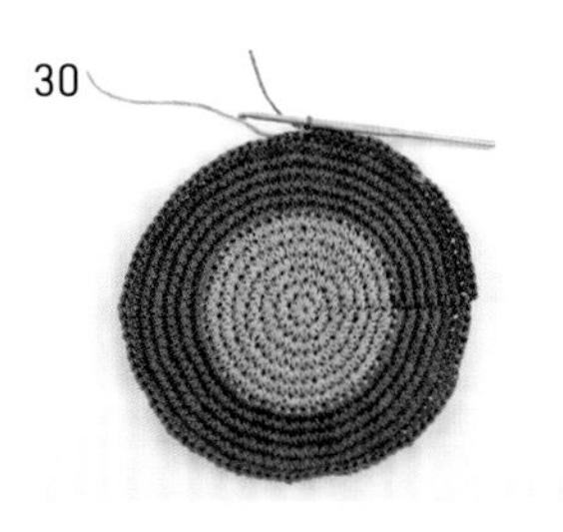

按符号图继续钩织。从正面看，颜色的交替非常漂亮。

要点

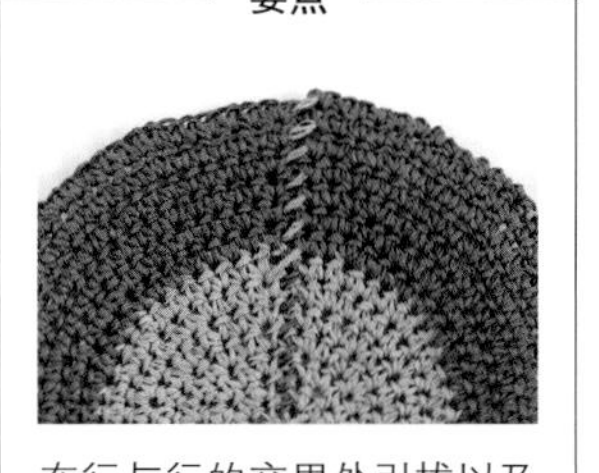

在行与行的交界处引拔以及立织锁针时，如果避开包在针目里的线钩织，反面就会出现这样的渡线。

31

主体完成后的状态。

提手

32

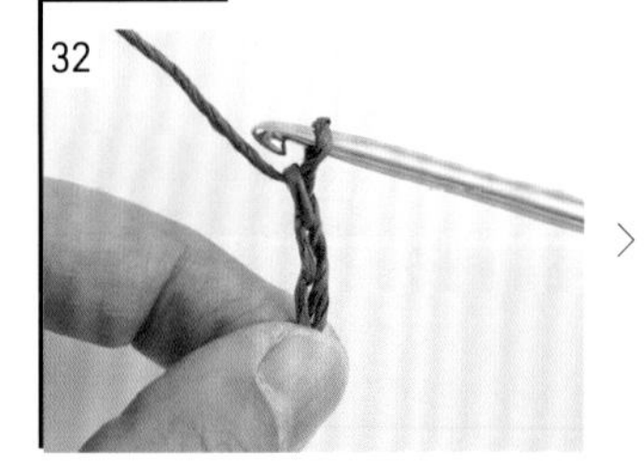

钩织56针锁针起针。

33

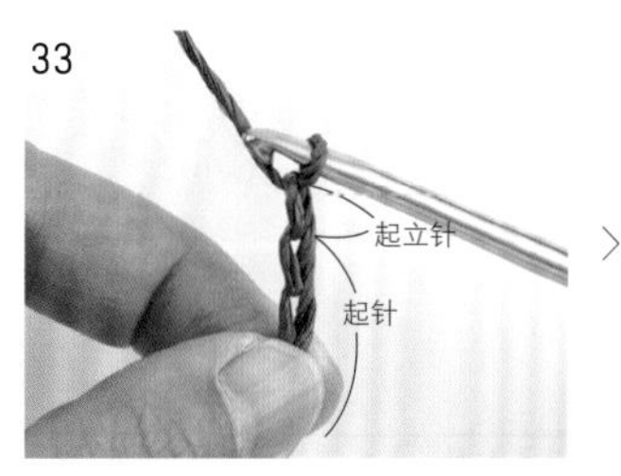

起立针
起针

接着，钩织1针锁针作为第1行的起立针。

34

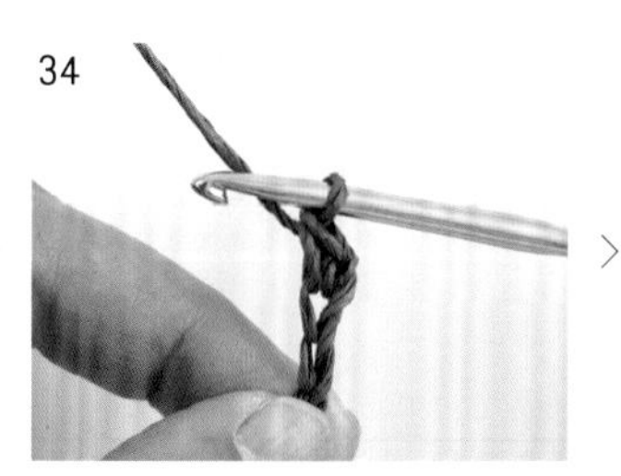

在第56针锁针的半针里插入钩针，钩织1针短针。

35

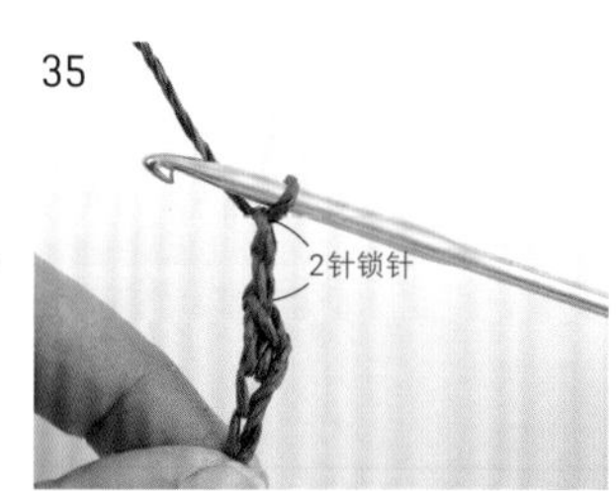

2针锁针

接着钩织2针锁针。

36

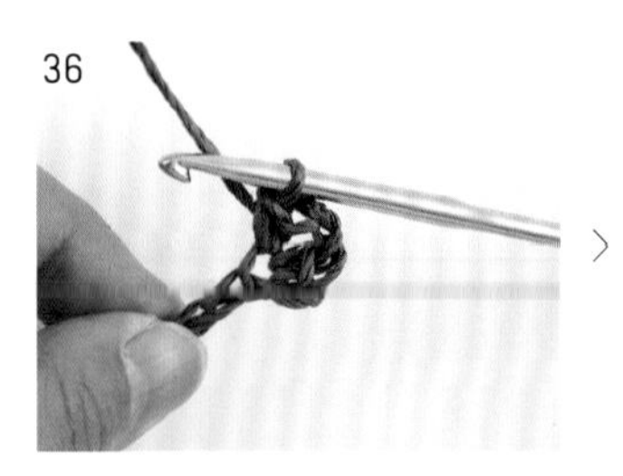

在步骤34同一个针目里插入钩针，钩织1针短针。

37

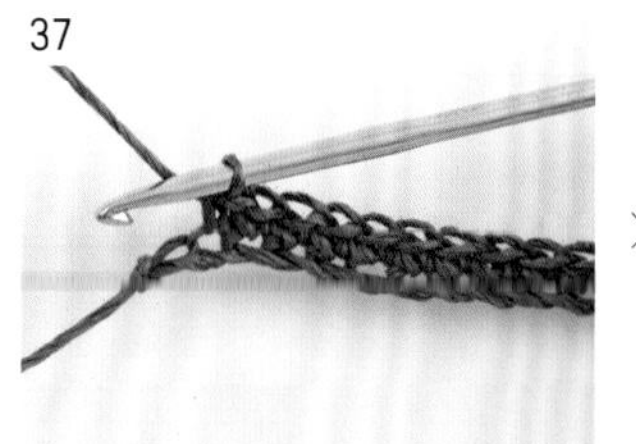

一边在锁针的半针里挑针，一边在每个针目里钩织1针短针。钩织至末端（起针的起始针）前一针的状态。

38

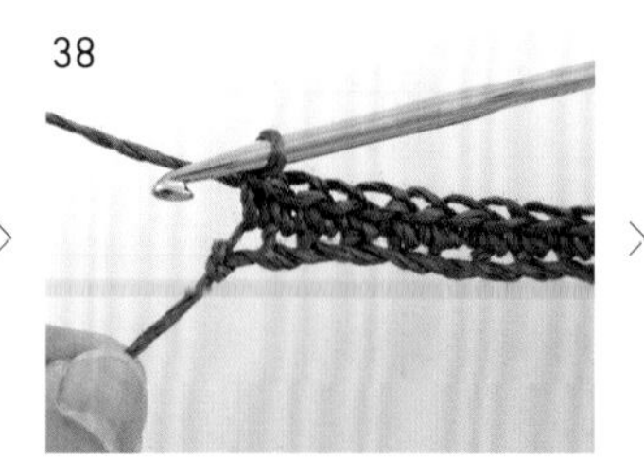

在末端针目里钩织1针短针。

39

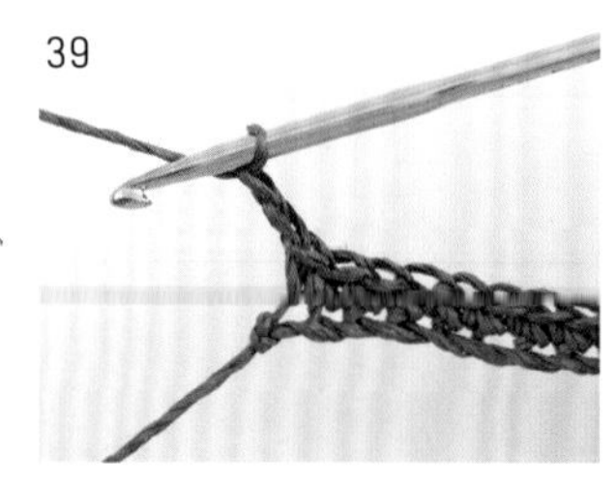

接着钩织2针锁针。

40

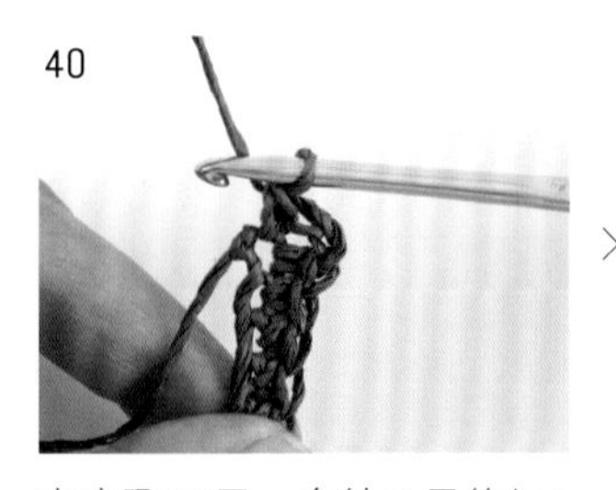

在步骤38同一个针目里钩织1针短针。织物自然向右旋转了90°。

41

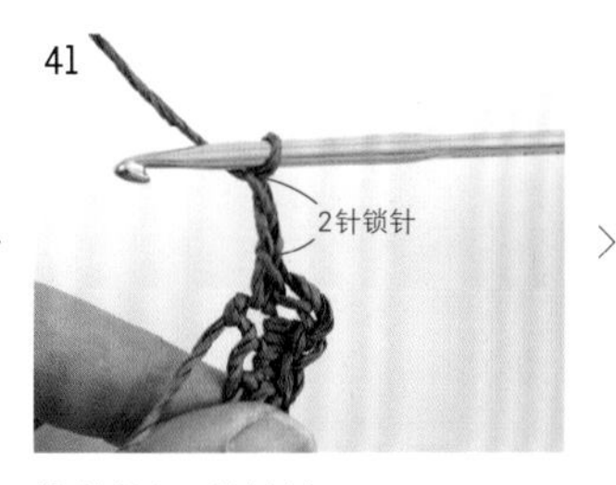

2针锁针

接着钩织2针锁针。

42

在步骤38、40同一个针目里钩织1针短针。织物再次自然旋转，起针的里山侧位于上方。

43

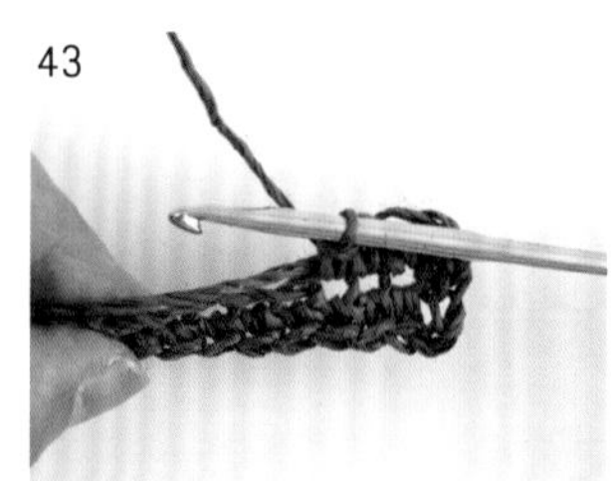

一边在起针锁针剩下的半针和里山挑针，一边继续钩织短针。

44

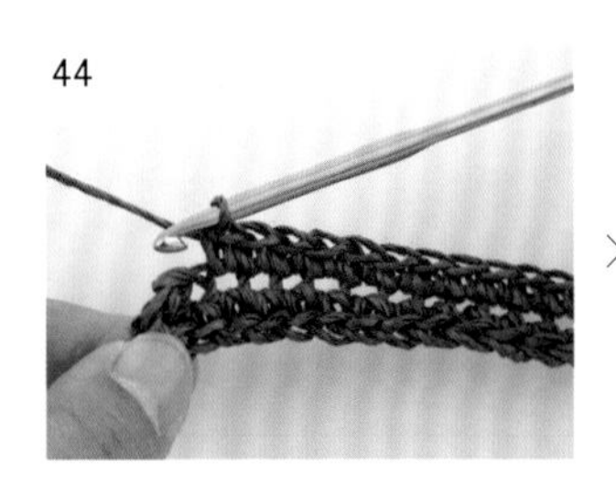

钩织至末端（起针的第56针）前一针的状态。

45

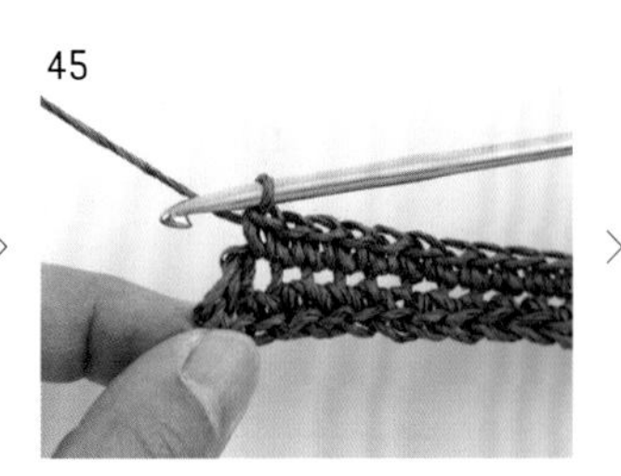

在末端针目里钩织短针后的状态。

46

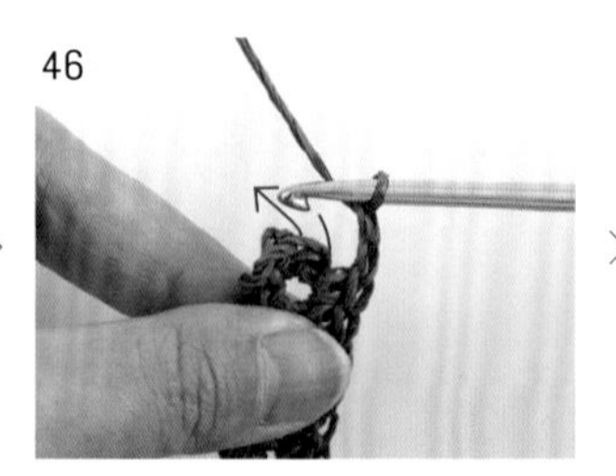

接着钩织2针锁针，在第1行第1针短针（步骤34）的头部引拔。

47

第1行完成。

48

按符号图钩织3行，1条提手就完成了。

49

钩织2条相同的提手。

提手的安装方法

50

留出20cm左右的线头，将提手放在安装位置，然后在主体和提手的针目里插入钩针，挂线引拔。

51

引拔后的状态。

52

在主体和提手的下个针目里插入钩针，挂线后向前拉出，再将拉出的线圈引拔。

53

引拔后的状态。

54

按相同要领引拔至另一端的针目。

55

最后一针完成后，直接向前拉出大大的线圈，留出20cm左右的线头剪断。

56

将线头穿入缝针，在主体安装提手位置的相邻针目里入针，从反面将线拉出。

57

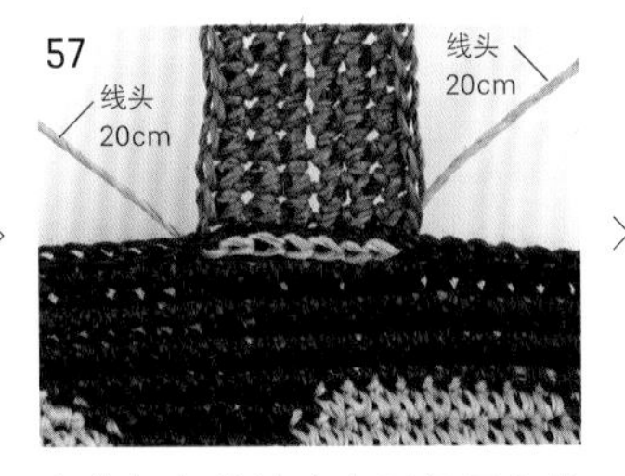
线头
20cm
线头
20cm

安装起点的线头也用相同方法处理。

58

反面

翻至反面，首先在提手安装位置的边针里入针，将线拉出。

59

依次挑取提手的1针和主体的1行做卷针缝。

60

右半部分缝合后的状态。

61

左半部分也按相同要领，用提手安装起点的线头缝合。

62

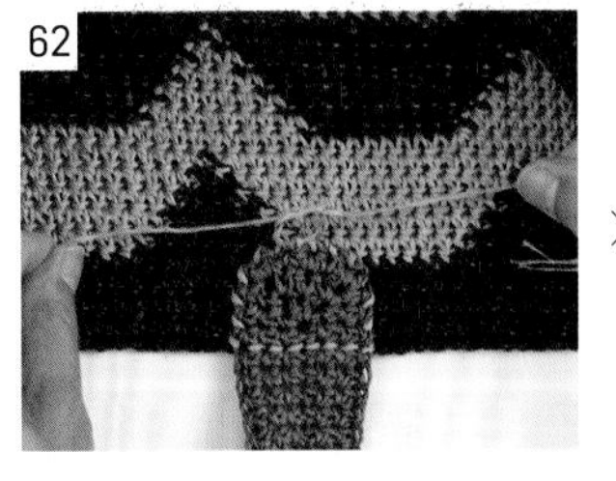

将右半部分与左半部分缝合后的线头打结。

63

将打结后的线头穿入针目，再将线剪断。另一端也用相同方法藏好线头。另外3处的提手安装位置也用相同方法处理。

5 扇形边缘的束口袋 图片 » p.11 制作方法 » p.54

底筐部分的钩织方法

1

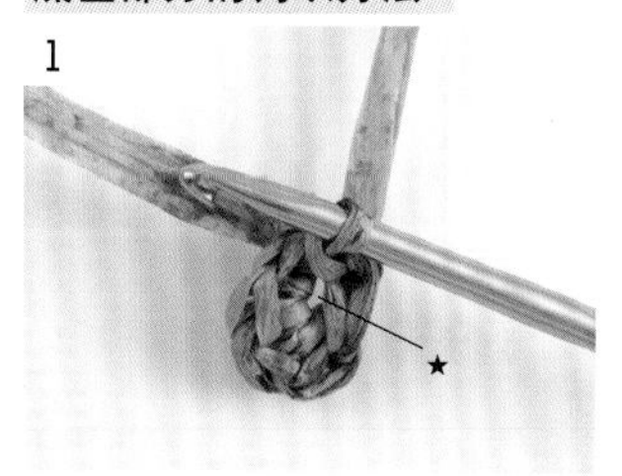

环形起针后立织1针锁针。钩织5针短针，然后松松地收拢线环。在第1针里引拔，第1行完成后的状态。

2

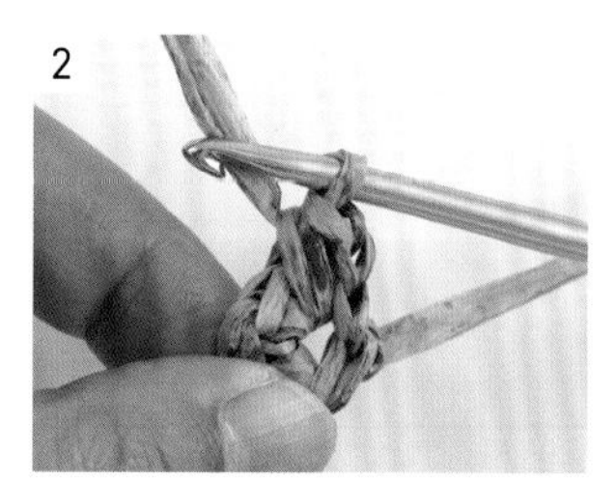

第2行立织1针锁针，在收拢的线环（步骤1的★）中插入钩针，完全包住第1行钩织短针。

3

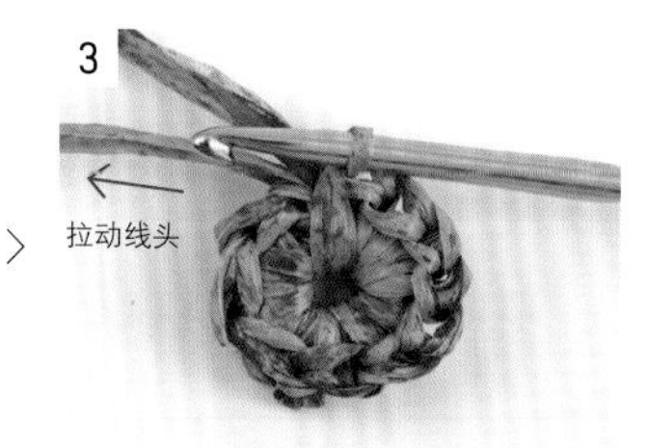
拉动线头

一边包住第1行一边在线环中钩织10针，第2行完成后的状态。此时再次拉动线头，用力收紧线环。

4

第3行立织1针锁针，照常在前一行针目的头部挑针钩织短针。

5

第3行完成后的状态。因为针数与前一行相同，所以并没有向外扩展，第3行直接重叠在第2行针目头部的外圈。

6

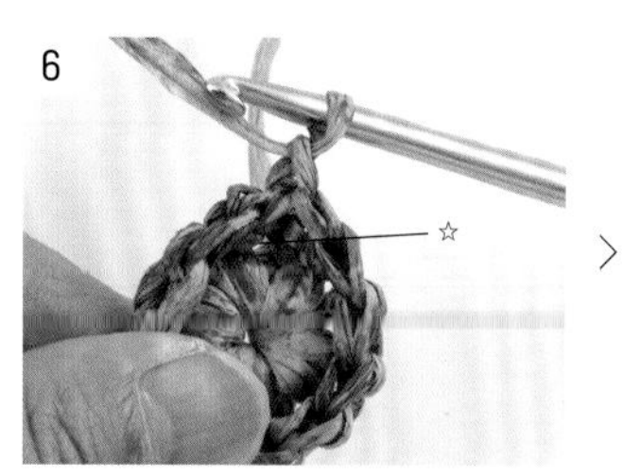

第4行立织1针锁针，在第2行针目的头部（☆）挑针，完全包住第3行钩织1针放2针短针。

7

第4行完成后的状态。接下来按相同要领，奇数行钩织普通的短针，偶数行在前面第2行针目的头部挑针，一边包住前一行钩织一边加针。

8

钩织至第12行后的状态。一边加针一边钩织至第16行。底部完成后，侧面接着无须加减针按相同要领钩织。

9 瓦尤族特色的马歇尔包 图片 » p.14 制作方法 » p.62

※为了便于理解，此处使用了不同颜色的线钩织

加密短针（即平针效果的短针）

1

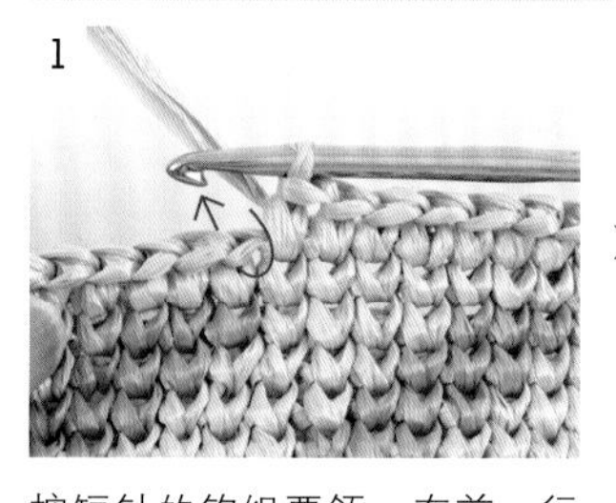

按短针的钩织要领，在前一行针目的根部中心插入钩针钩织。

2

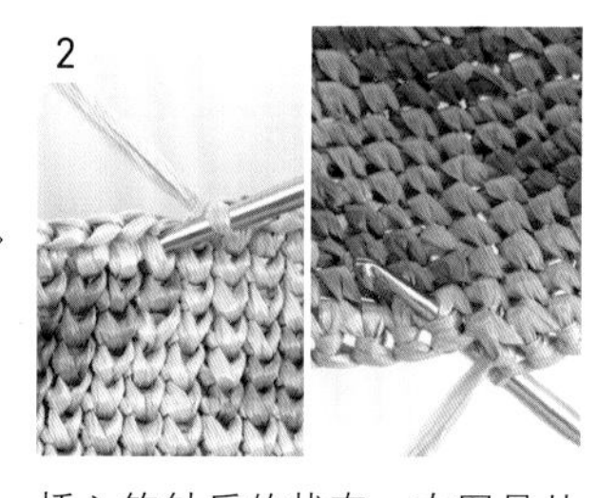

插入钩针后的状态。右图是从反面看到的状态。

要点

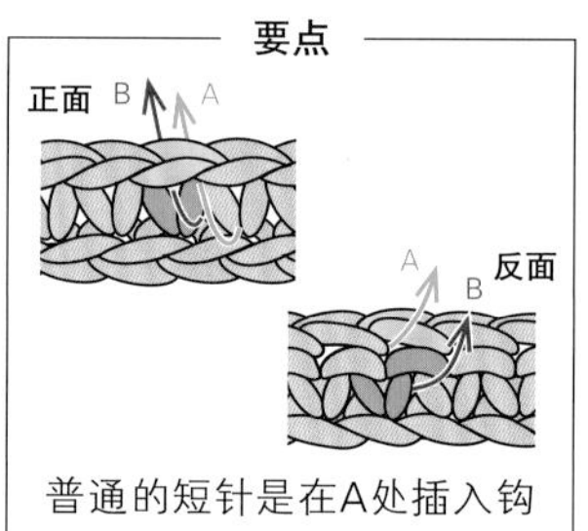
正面
B
A
A
B
反面

普通的短针是在A处插入钩针，而加密短针是在B处插入钩针钩织。

3

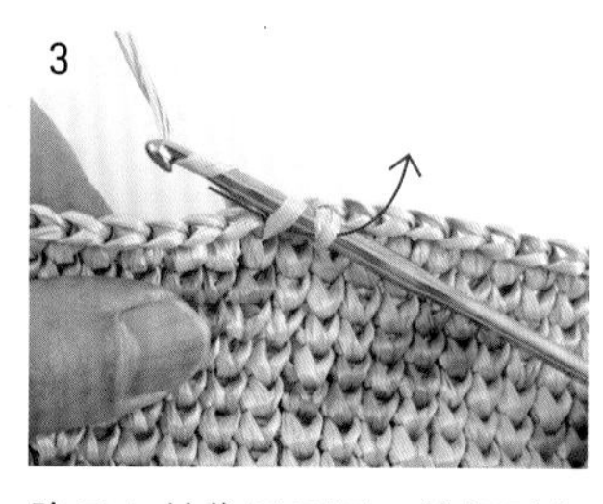

除了入针位置不同，钩织时与普通的短针一样。

加密短针的配色编织

4

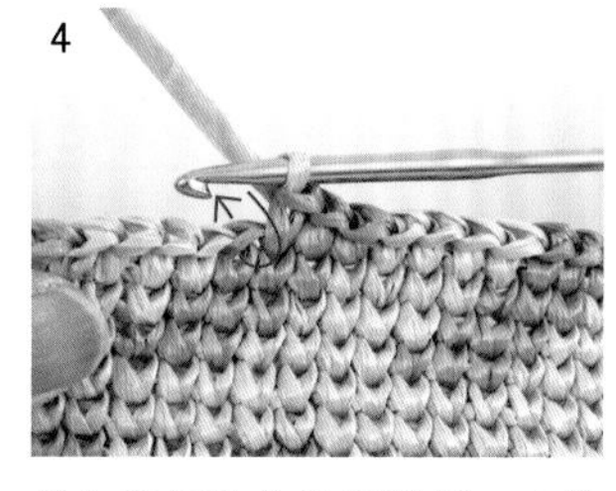

按加密短针的钩织要领，在前一行针目的根部中心插入钩针（避开包在针目里的渡线，尽量靠上方挑针更容易钩织）。

5

将包在针目里的线放在织物边上拿好，将编织线挂在针头向前拉出。

6

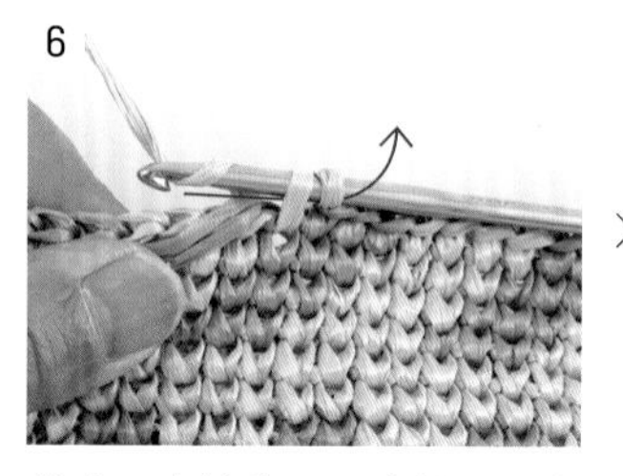

针头再次挂线，一次性引拔穿过针上的2个线圈（钩织短针的要领）。

7

加密短针的配色编织完成1针后的状态。

14 可变造型的两用包 图片 » p.19 制作方法 » p.68

※为了便于理解，此处使用了不同颜色的线钩织

侧边的钩织方法

1

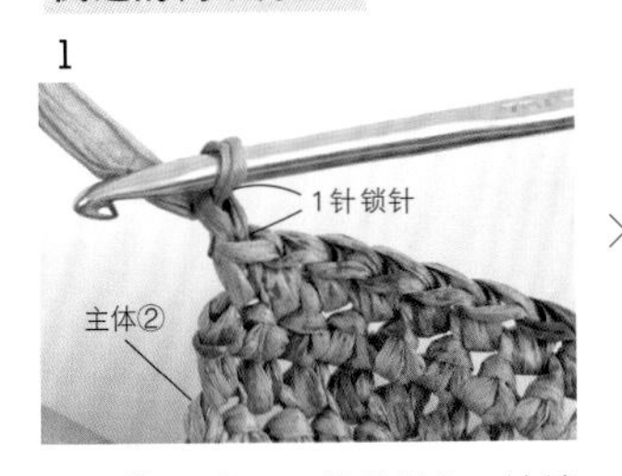
1针锁针
主体②

主体②完成后，接着钩织1针锁针。

2

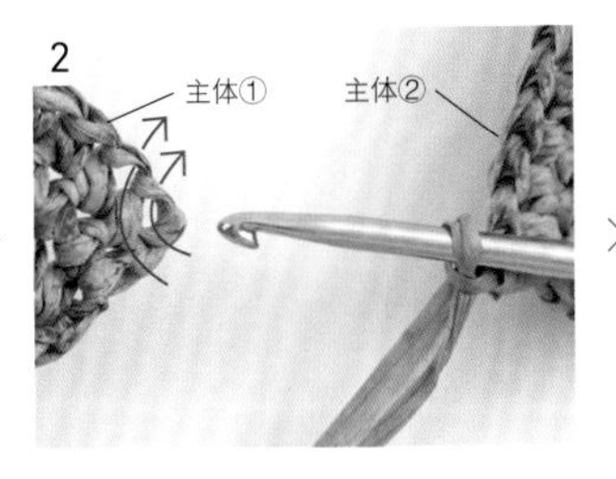
主体①
主体②

在主体①的边针里钩织2针引拔针。

3

2针引拔针完成后的状态。

4

主体①（反面）

将织物翻至反面。

5

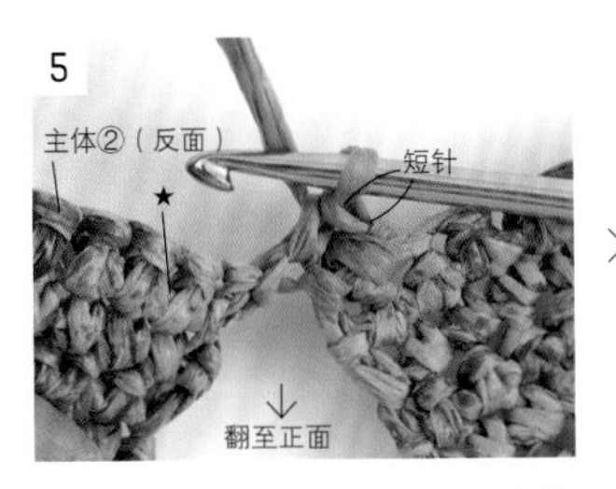
主体②（反面）
短针
翻至正面

在步骤1中锁针的半针和里山挑针，钩织1针短针。

6

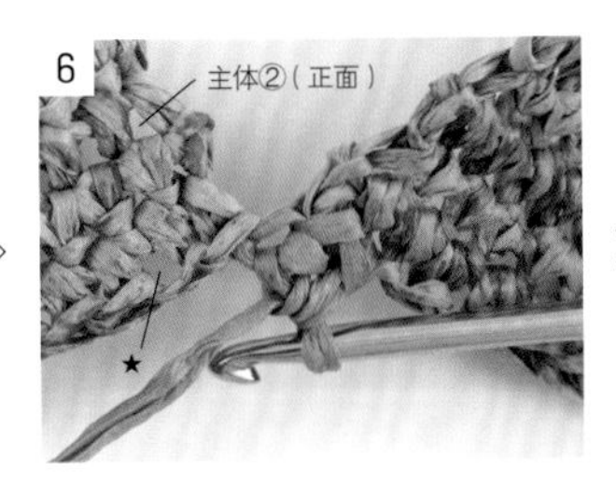
主体②（正面）

将织物翻至正面。

7

在步骤5、6的★针目里插入钩针，挂线引拔。

8

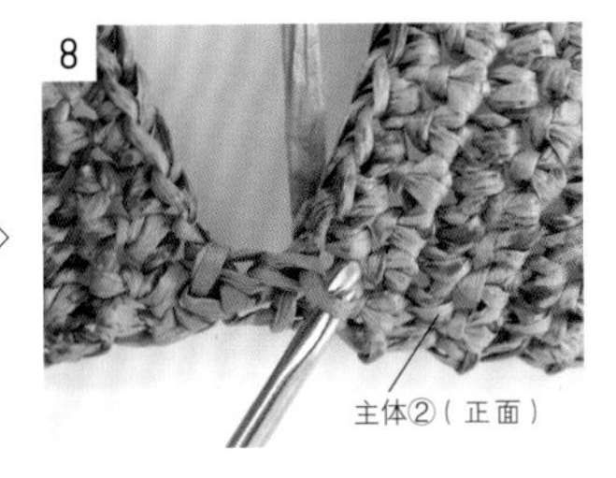
主体②（正面）

将织物正面朝上旋转180° 放好。

9

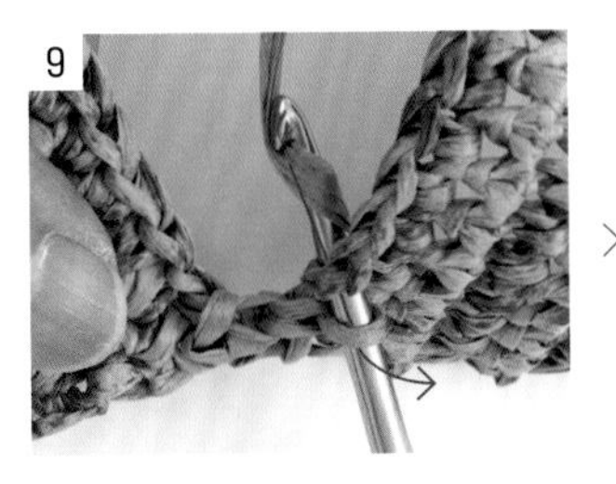

在★（步骤7中引拔后的针目）的相邻针目里钩织引拔针。

10

接着钩织短针，然后在主体①侧钩织2针引拔针。

11

主体①（反面）

将织物翻至反面。

12

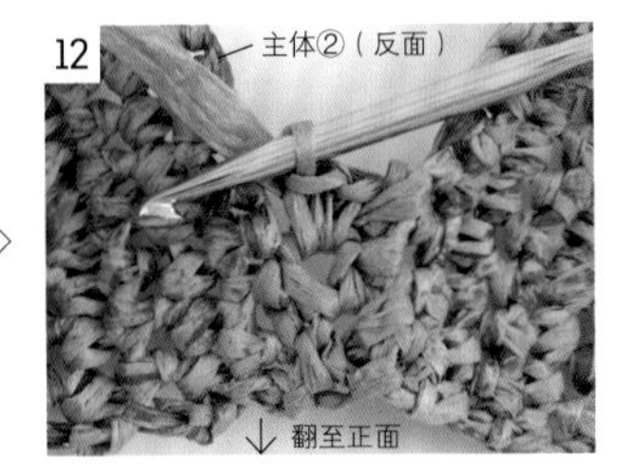
主体②（反面）
翻至正面

在前一行的短针里钩入2针短针。

13

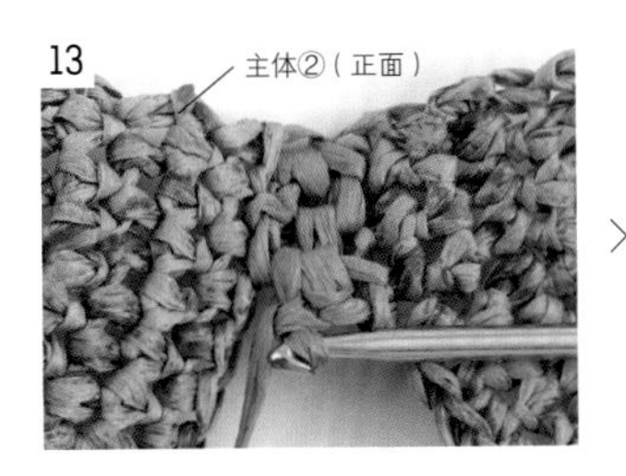
主体②（正面）

再次将织物翻至正面。

14

按步骤7的要领，挂线引拔。

15

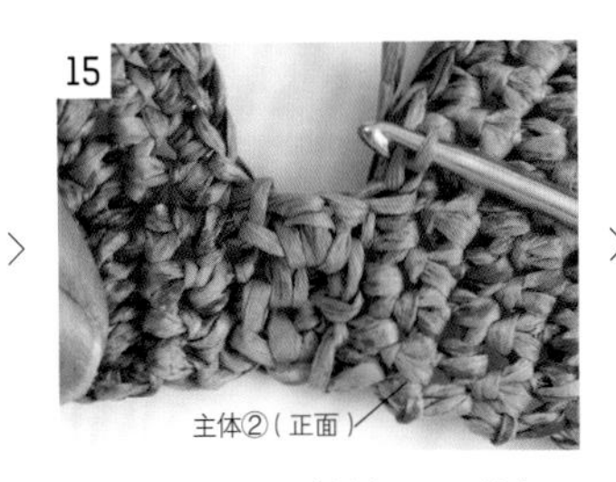
主体②（正面）

将织物正面朝上旋转180° 放好，在相邻针目里钩织下一个引拔针。

16

钩织2针短针。接下来按相同要领，只有主体中间偶数行的短针是看着反面钩织，其余都是看着正面钩织。

16 流苏斜挎包 图片 » p.21 制作方法 » p.71

流苏的制作方法

1

用3根线合股钩织。主体（前片）的第4行立织1针锁针后，钩织1针短针。

2

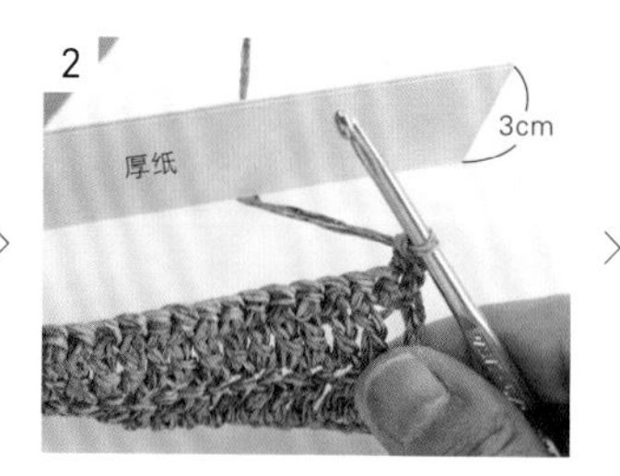
厚纸
3cm

从第2针开始钩织短针的圈圈针。将3cm宽的厚纸压在编织线上。

3

按短针的钩织要领，在前一行针目的头部插入钩针，挂线后向前拉出。

4

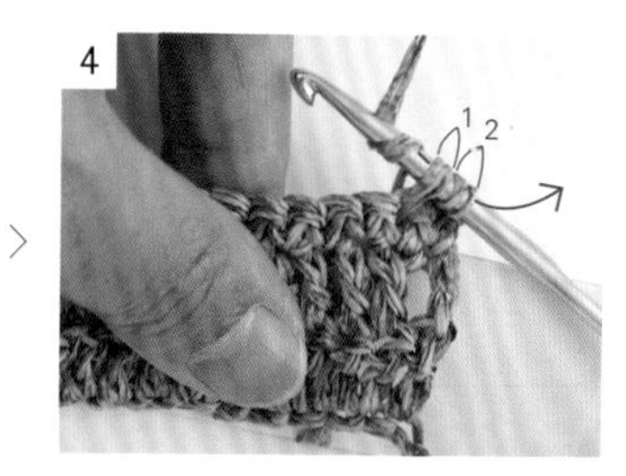
1
2

针头再次挂线，一次性引拔穿过针上的2个线圈。

5

1针短针的圈圈针完成。

6

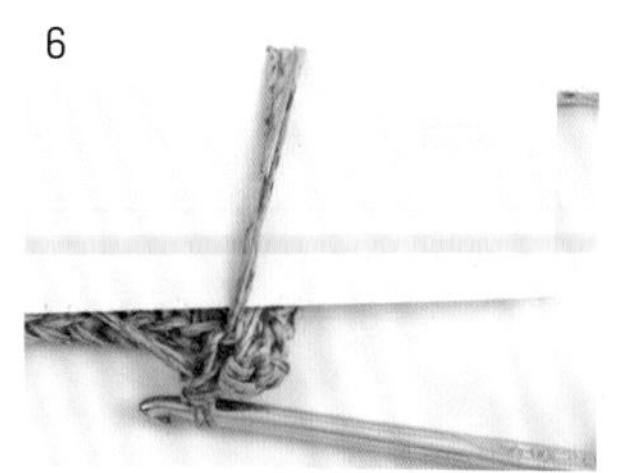

反面厚纸上的线呈环状（线圈）。

7

取下厚纸

从下一针开始，用和步骤3~6相同的方法钩织短针的圈圈针。最后一针钩织普通的短针。第4行完成后取下厚纸。

8

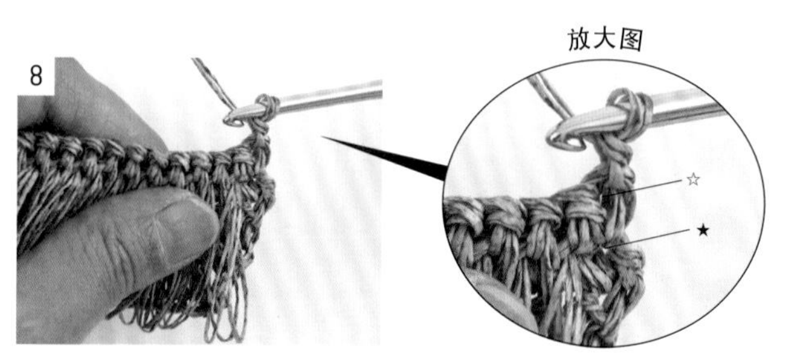
放大图
☆
★

第5行立织1针锁针，不要在前一行针目的头部（☆）挑针，而是在前面第2行针目的头部（★）挑针钩织短针（以免线圈拉伸变形）。

9

1针短针完成后的状态。

10

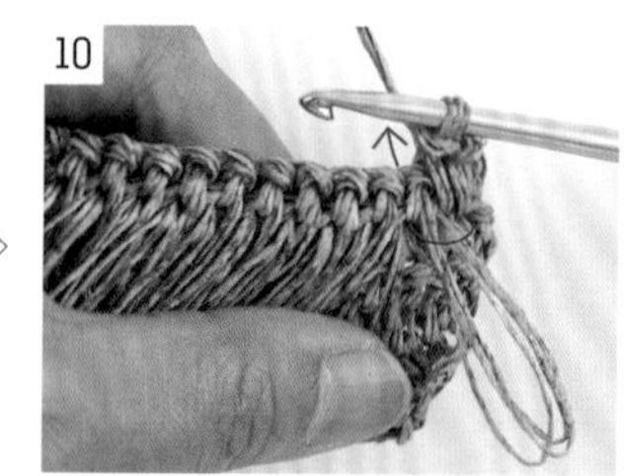

2针完成后的状态。一边避开线圈，一边用相同方法在前面第2行针目的头部挑针钩织至末端。

11

第5行的钩织终点。

12

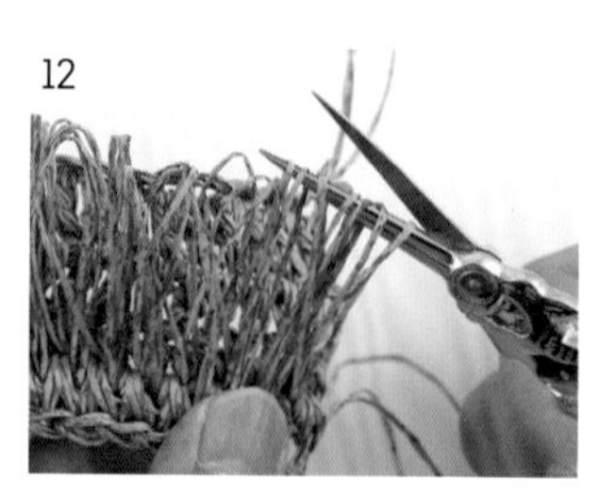

在线圈中插入剪刀，将所有线圈剪开。

17 前置口袋的托特包 图片 » p.22 制作方法 » p.72

※为了便于理解，此处缩减了口袋的针数和行数，使用了不同颜色的线钩织

口袋的打褶方法

1

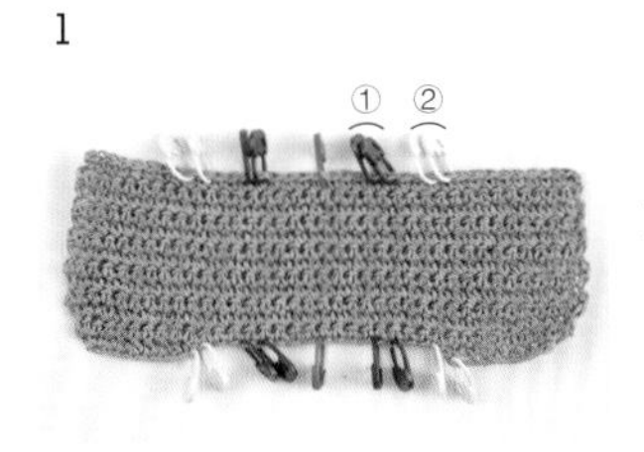
① ②

将记号扣分别放在口袋的中心（橘色记号扣）、内折位置（蓝色记号扣）、外折位置（白色记号扣）。从右侧的内折位置（①）开始钩织。

2

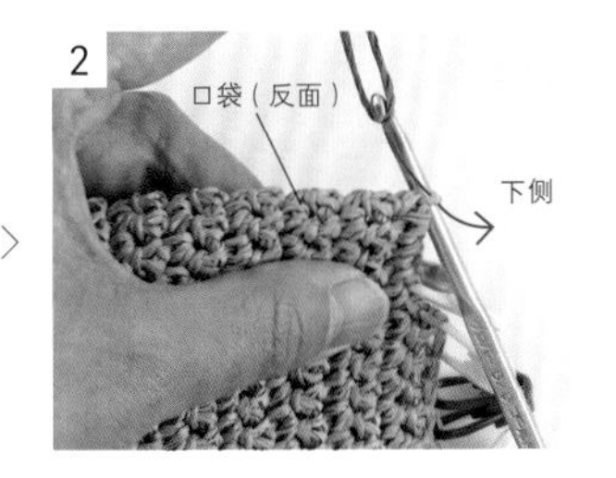
口袋（反面）
下侧

在内折位置正面朝内折叠，折痕朝上、下端朝右拿好。在前、后侧的边针里插入钩针，挂线引拔。

3

引拔后的状态。

4

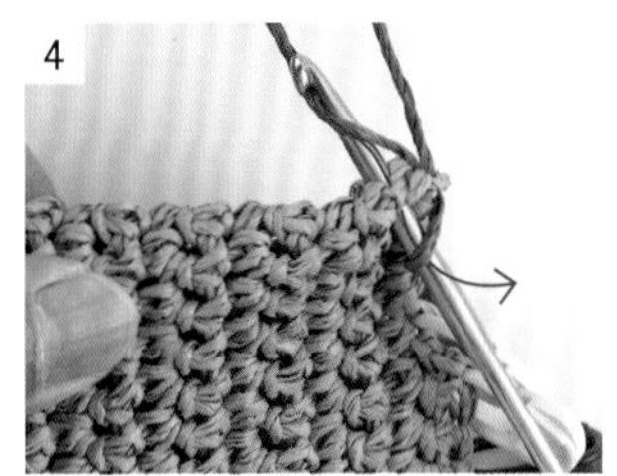

接下来也用相同方法，在折痕的前、后侧针目里插入钩针，挂线引拔。

5

引拔后的状态。

6

用相同方法继续引拔。

7

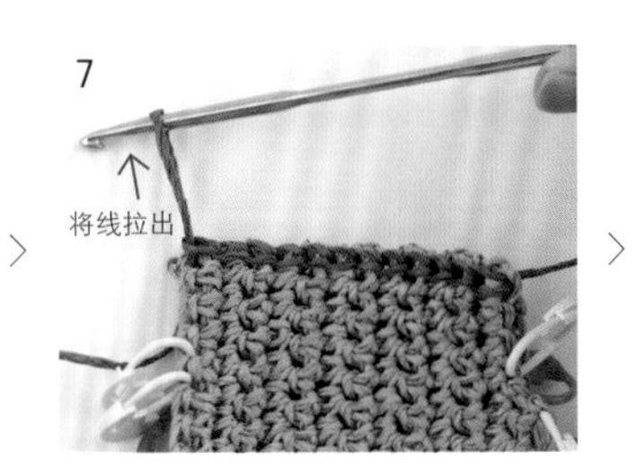
将线拉出

引拔至另一端后，将针上的线圈拉大，留出10cm左右的线头剪断。

8

将线头穿入缝针，从引拔针的反面出针，在针脚里一针一针绕线，做好线头处理。

9

口袋（正面）
下侧

接着在外折位置正面朝外折叠，折痕朝左拿好。在下端的针目（前侧）里插入钩针，挂线引拔。

10

引拔后的状态。

11

接下来在折痕的前、后侧针目里插入钩针，挂线引拔。

12

引拔后的状态。

13

用相同方法从下往上继续引拔。引拔至上端后，与步骤7、8一样做好线头处理。

14

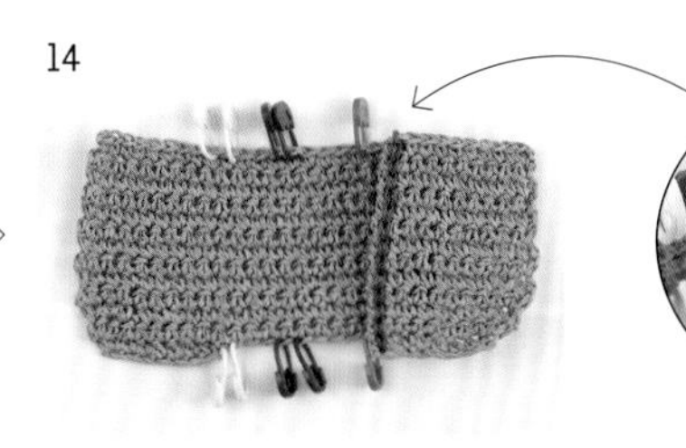

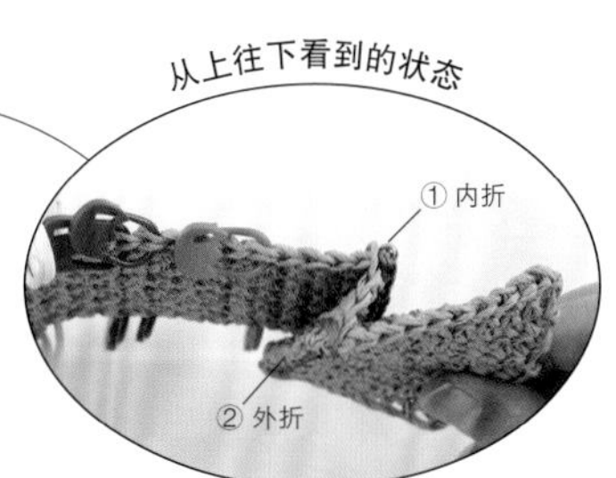
从上往下看到的状态
① 内折
② 外折

右侧内折和外折的打褶就完成了。左侧也用相同方法对称处理，注意折叠和引拔的方向。

18 格纹手提包 图片 » p.24 制作方法 » p.74

※为了便于理解，此处使用了不同颜色的线钩织

提手的安装方法

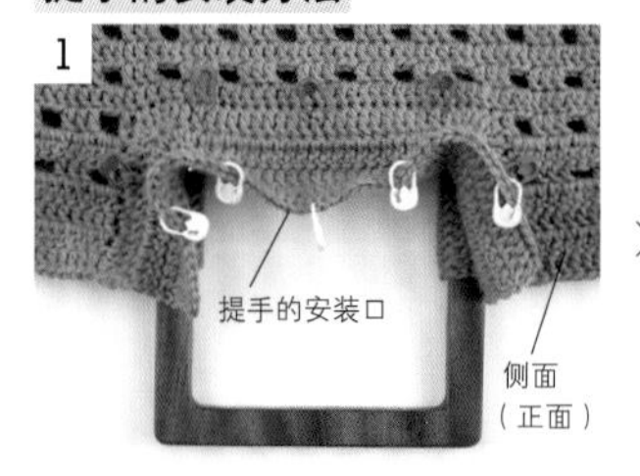
1
提手的安装口
侧面
（正面）
提手的安装口钩织至第4行后的状态。第1行针目的根部和第4行针目的头部分别在中心及两侧每隔10针放入记号扣作为标记。

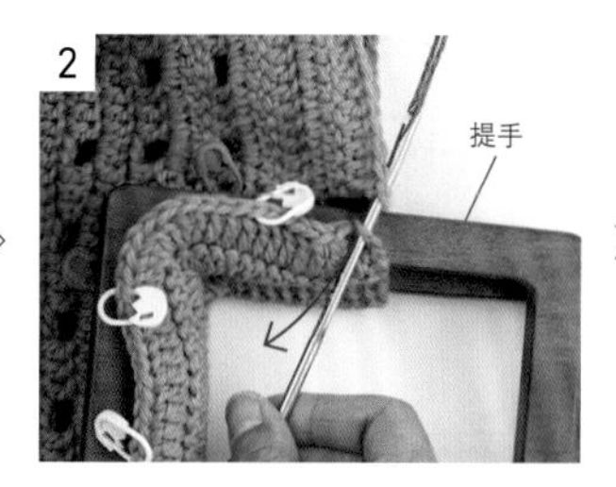
2
提手
放上提手，看着提手安装口的反面，在第4行针目的头部和第1行针目的根部（侧面上端第7行的第3针锁针）插入钩针，加入新线。

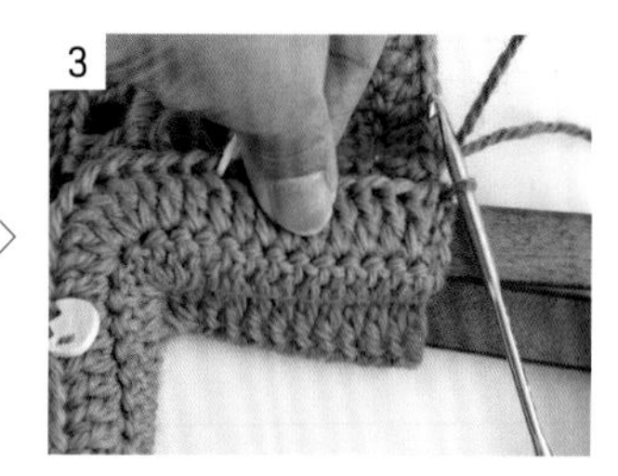
3
引拔后的状态。

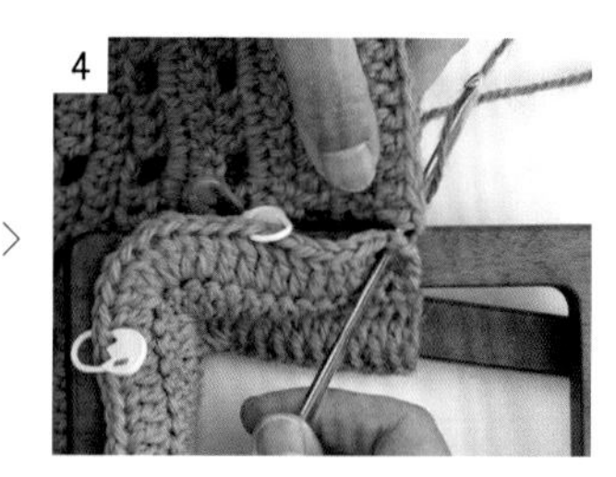
4
下一针也用相同方法，在第4行针目的头部和第1行针目的根部（在侧面上端第7行的起立针里整段挑针）插入钩针，挂线引拔。

5
引拔后的状态。

6
包住提手继续一针一针地引拔，沿安装口钩织至最后的状态。

7
侧面
（正面）
在反面做好线头处理，完成。

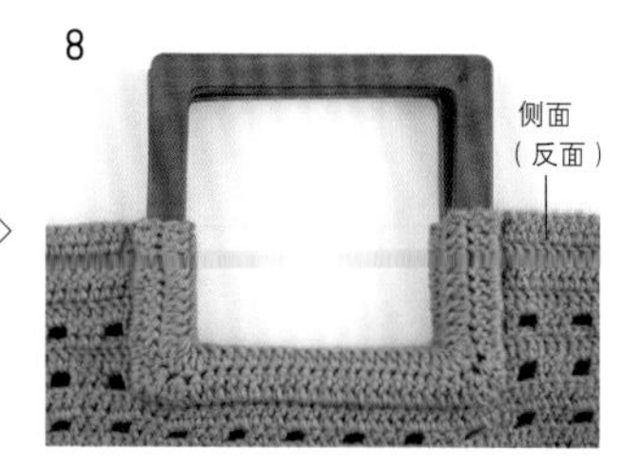
8
侧面
（反面）
从侧面的反面（步骤7的另一面）看到的状态。引拔后的线迹几乎看不出来。

23 小绵羊手拎包 图片 » p.29 制作方法 » p.84

用马海毛线做环状的往返编织

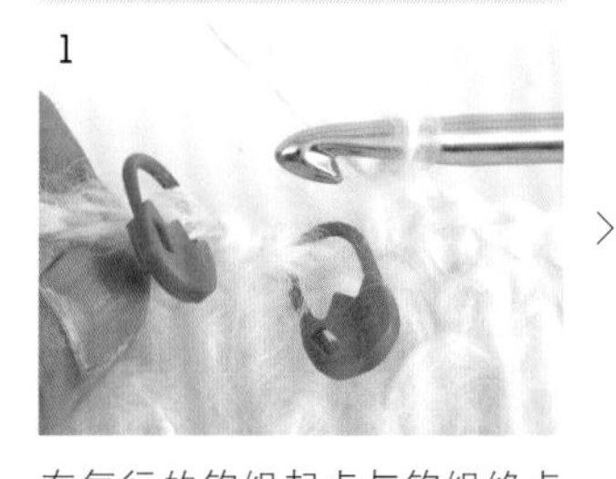
1
在每行的钩织起点与钩织终点的针目里放入记号扣。这是钩织至偶数行（看着正面钩织的行）倒数第2针的状态。

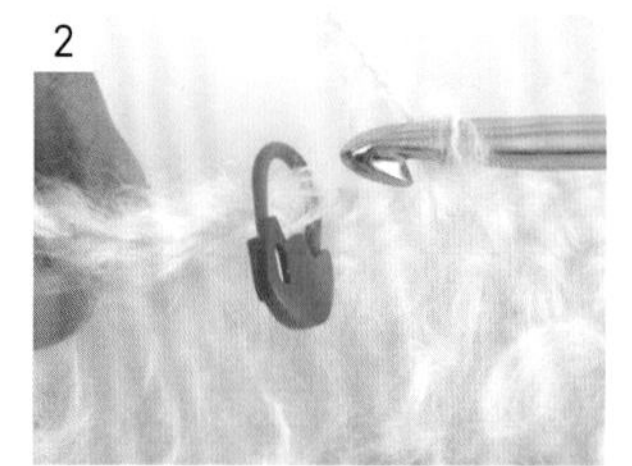
2
钩织最后一针后的状态。

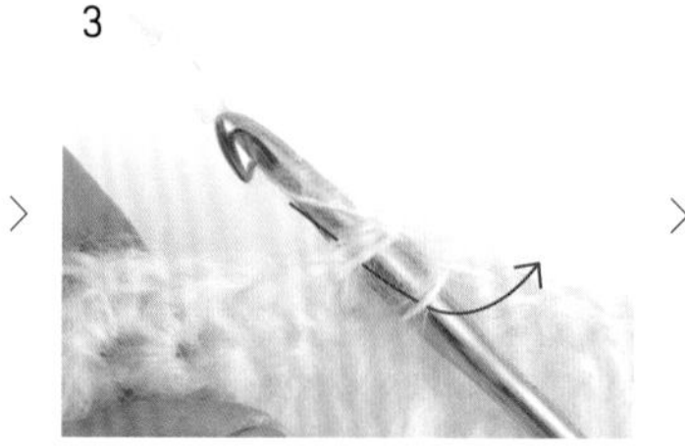
3
在第1针里引拔。

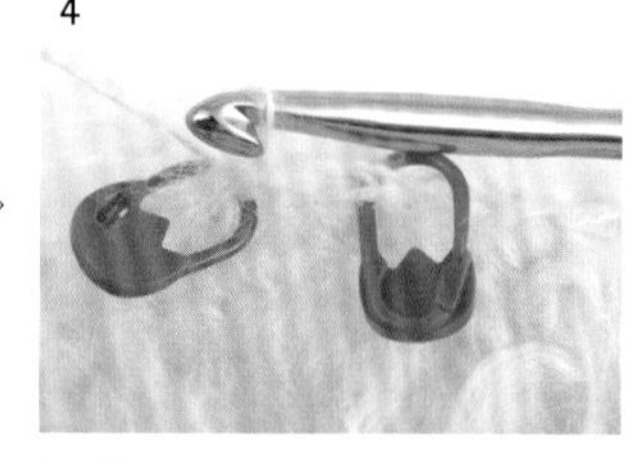
4
偶数行结束。钩织时取下记号扣，钩织完成后马上放入记号扣。钩织奇数行时也要注意钩织起点与钩织终点。

26 包芯编织的手提包 图片 » p.32 制作方法 » p.56

包芯编织的方法

1
包底钩织23针锁针起针。

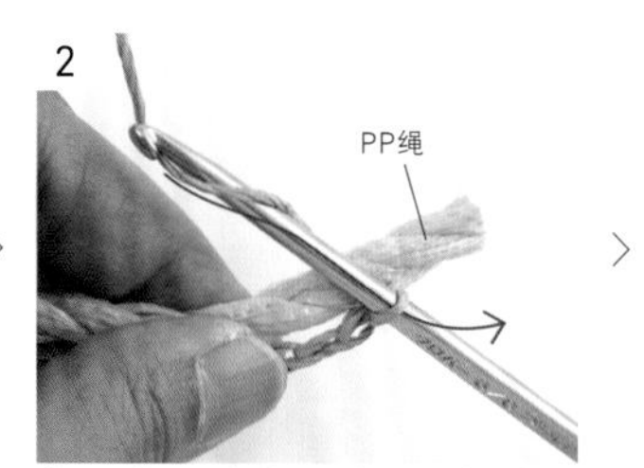
2
PP绳
将PP绳放在编织线上，挂线，立织1针锁针。

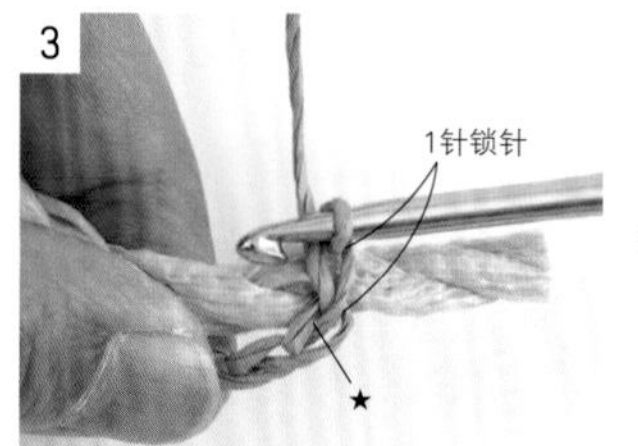
3
1针锁针
★
1针锁针完成后的状态。绳子夹在了锁针的正面2根线和里山之间。

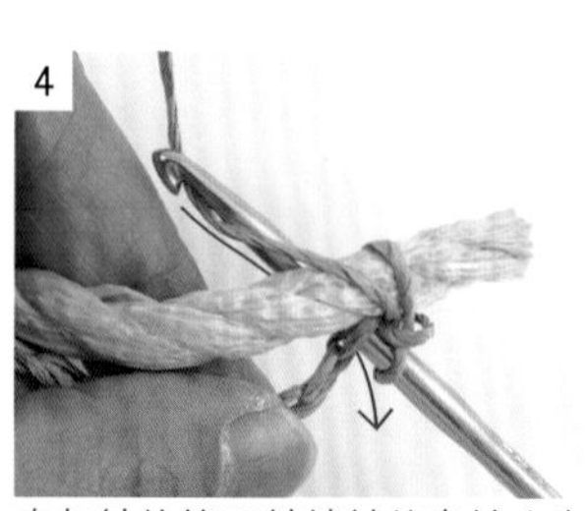
4
在起针的第23针锁针的半针（步骤3的★）里插入钩针，从绳子的下方在针头挂线，向前拉出。

5

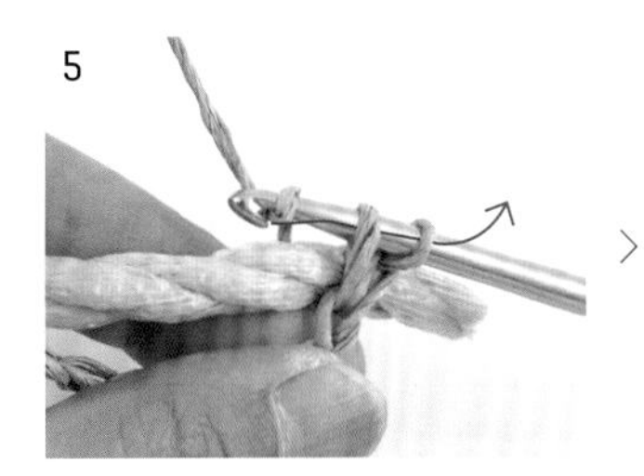

针头再次挂线，一次性引拔穿过针上的2个线圈。

6

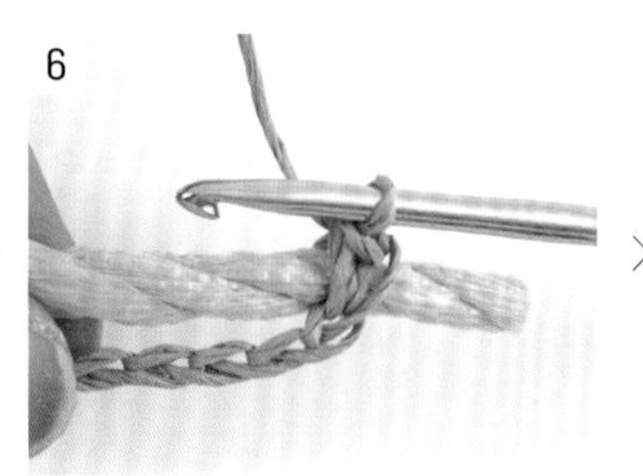

包住绳子钩织的1针短针完成。

7

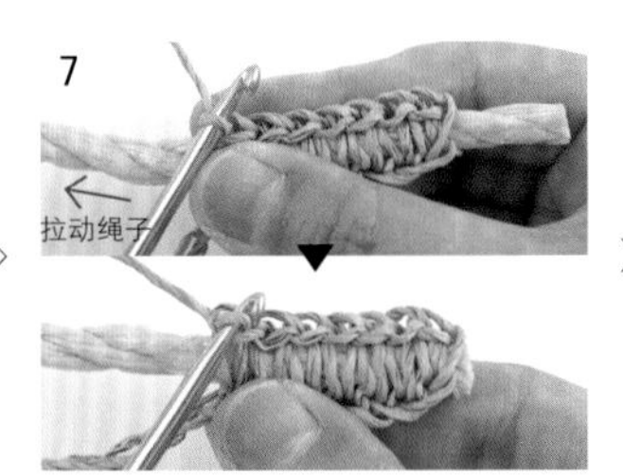
拉动绳子

按相同要领在起针的半针里挑针钩织短针。钩织5针以上后，将绳子拉至钩织起点侧的边缘。

8

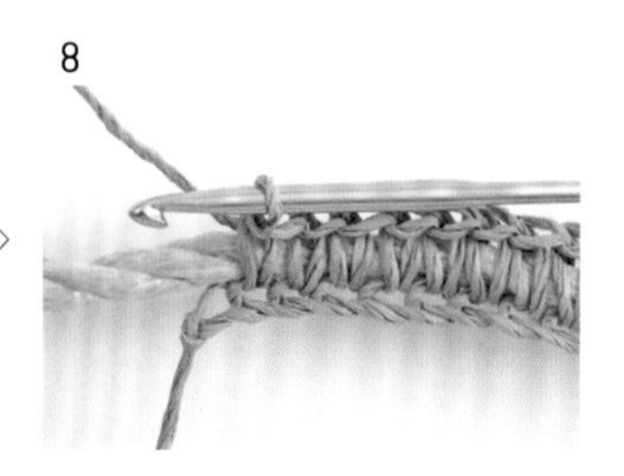

接着包住绳子钩织至末端（起针的起始针）的前一针。

9

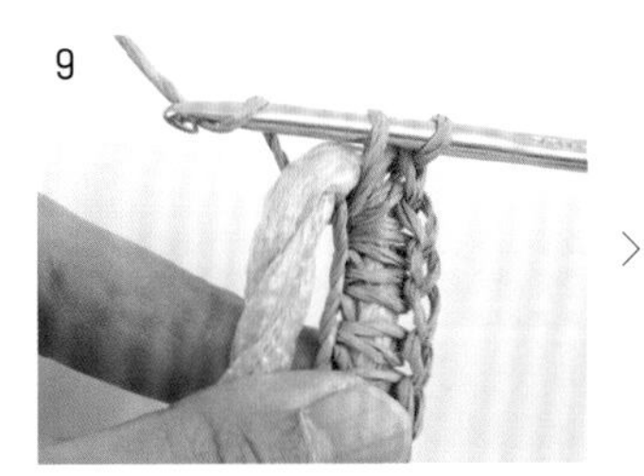

在边针里钩入7针短针。注意钩完三四针后将PP绳对折，再继续钩织。

10

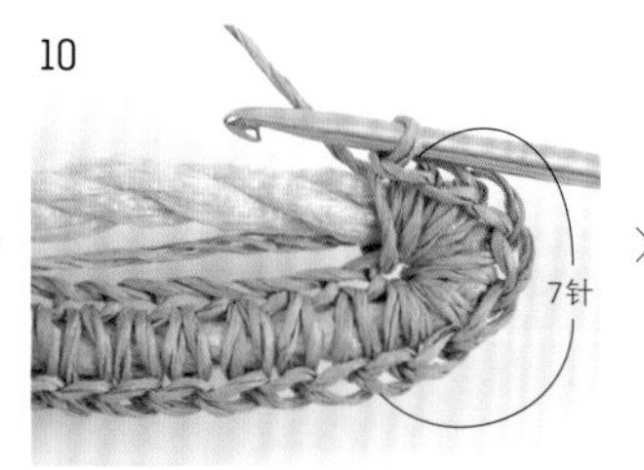
7针

在边针里钩入7针后的状态。织物自然旋转，起针的里山侧朝上。

11

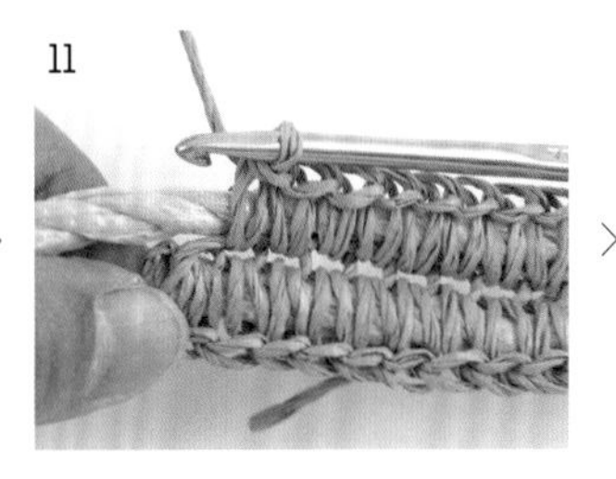

在起针剩下的半针和里山挑针，用相同方法钩织短针。钩织至另一侧末端（起针的第23针）的前一针。

12

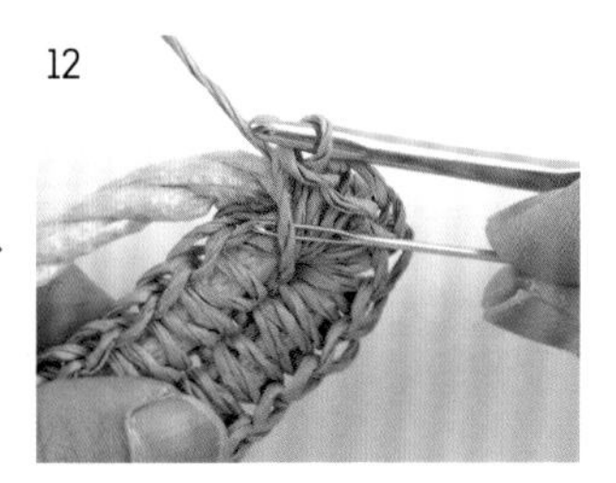

在边针里钩入6针短针，将绳子沿着钩织起点侧弯曲，一边钩织一边整理针目，以免短针的根部重叠在一起。

13

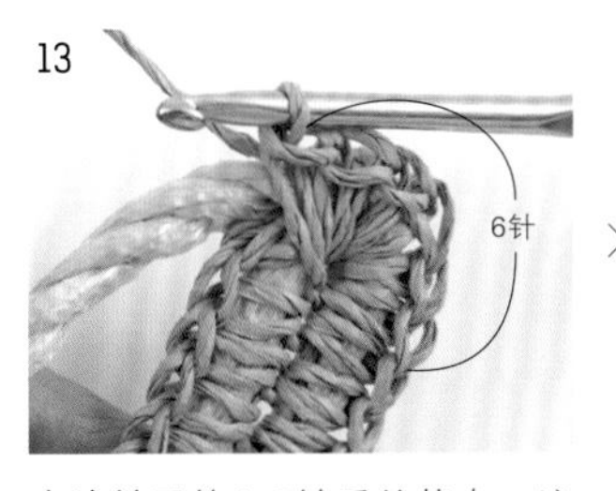
6针

在边针里钩入6针后的状态。这是第1行的钩织终点。

14

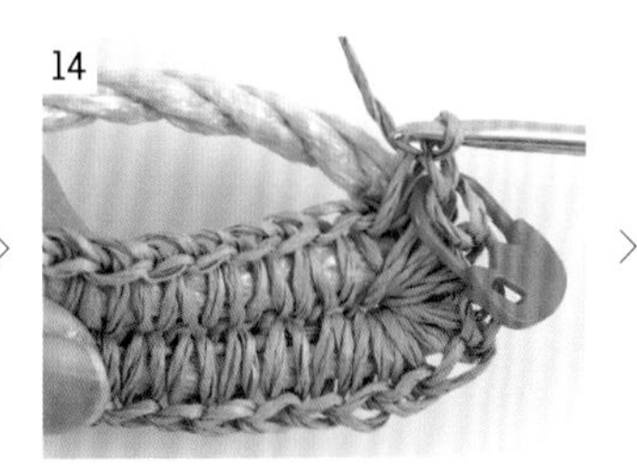

从第2行开始无须钩织起立针，在前一行针目的头部挑针钩织。每行钩织第1针后放入记号扣，作为钩织起点的标记。

15

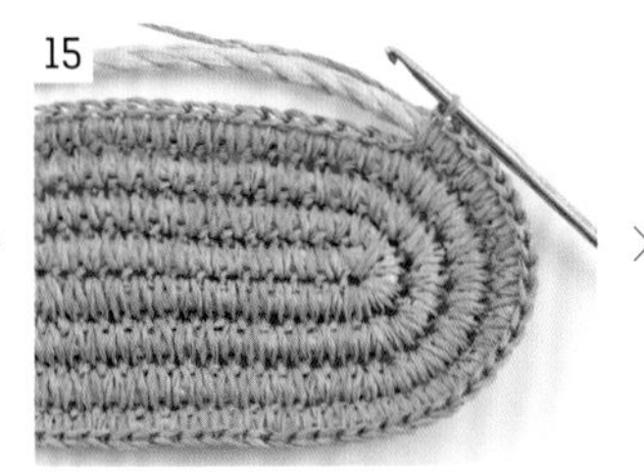

钩织至第4行后的状态。

16

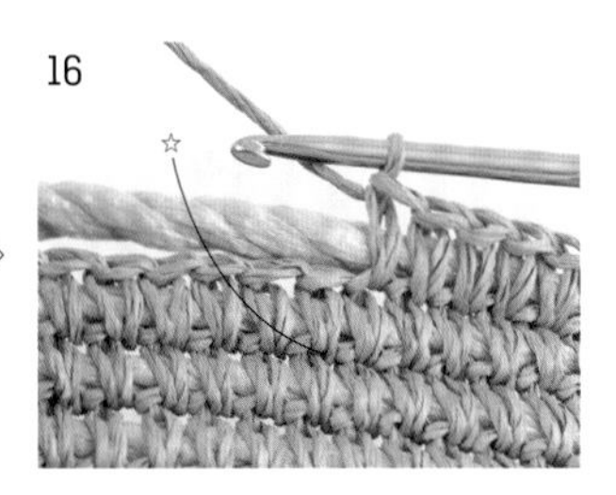
☆

继续按编织图钩织至侧面的最后5针前。

17

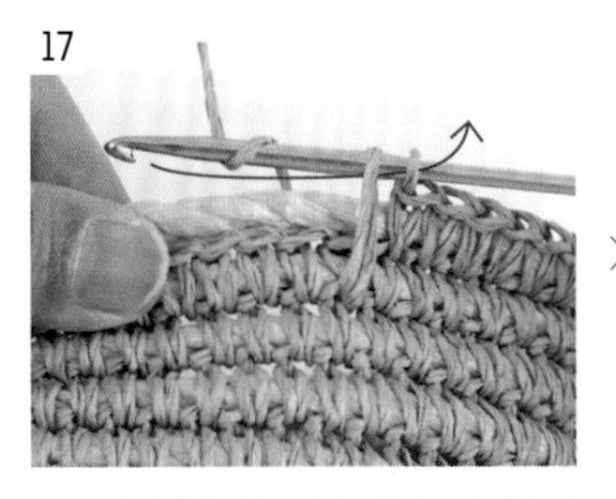

下一针是在前面第2行针目的头部（步骤16的☆）挑针，钩织短针。

18

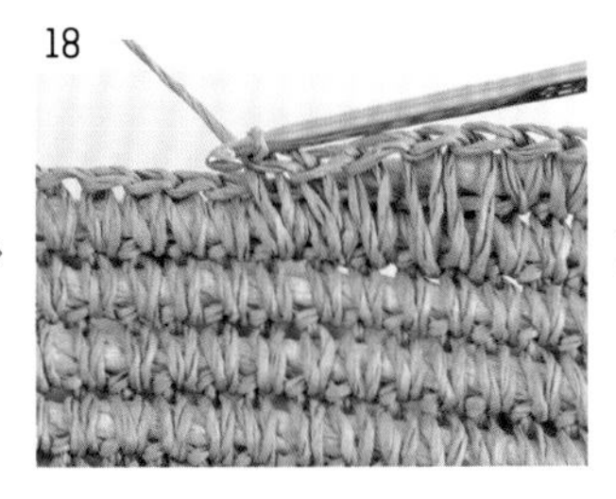

剩下的4针也用相同方法在前面第2行针目的头部挑针钩织，注意根部逐渐缩短（将绳子重叠在后面）。

19

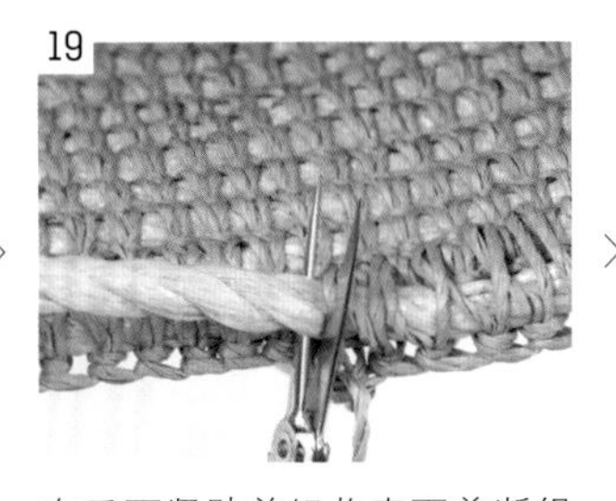

在反面紧贴着织物表面剪断绳子。

20

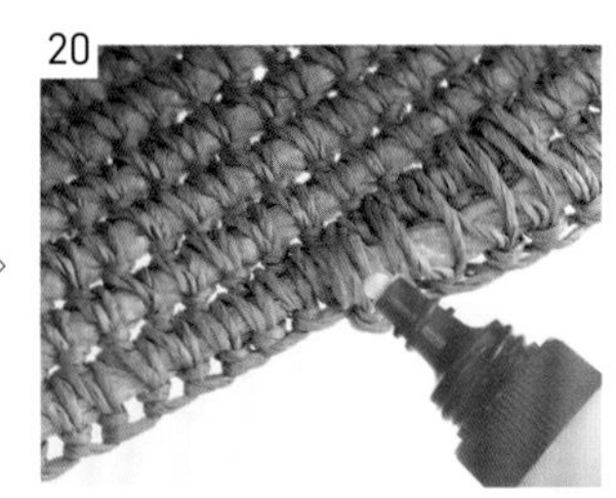

做好线头处理，在钩织终点与钩织起点的绳子上涂上胶水固定。

本书作品使用线材

和麻纳卡

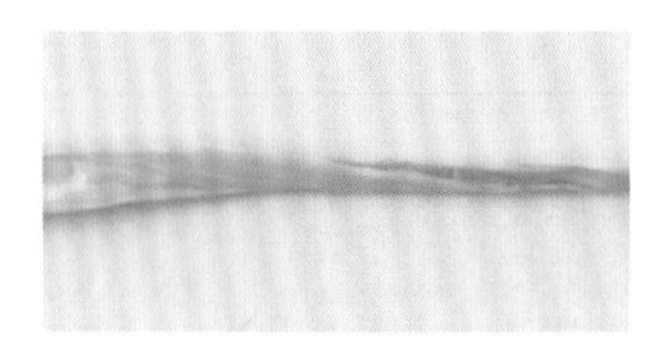

eco-ANDARIA

人造丝100%／40g（约80m）／全51色

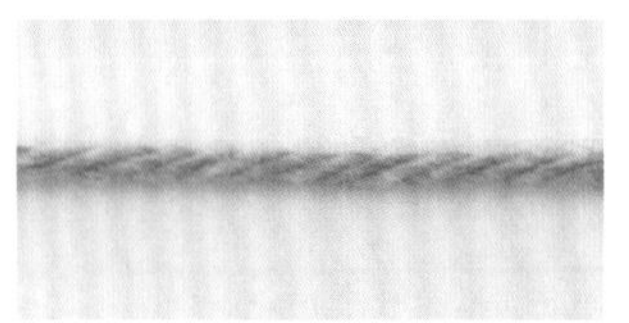

Exceed Wool L（中粗）

羊毛100%（使用超细美利奴羊毛）／40g（约80m）／全37色

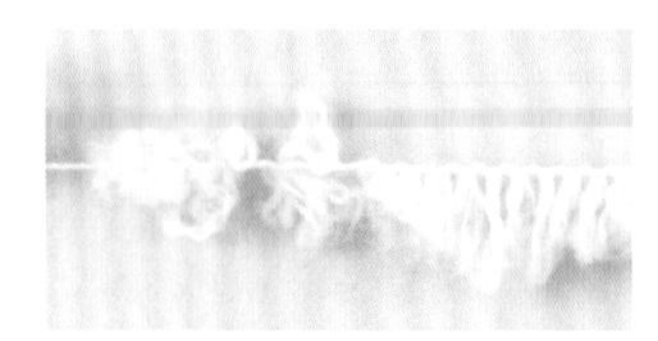

Merino Wool Fur

羊毛（美利奴羊毛）95%、锦纶5%／50g（约78m）／全8色

达摩手编线

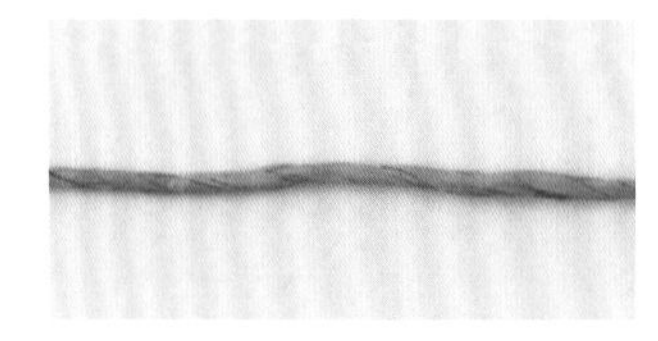

SASAWASHI

其他纤维（竹和纸）100%（已做防水加工）／25g（约48m）／全15色

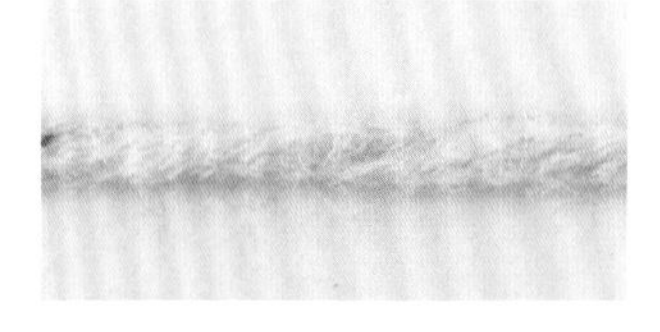

Wool Roving

羊毛100%／50g（约75m）／全7色

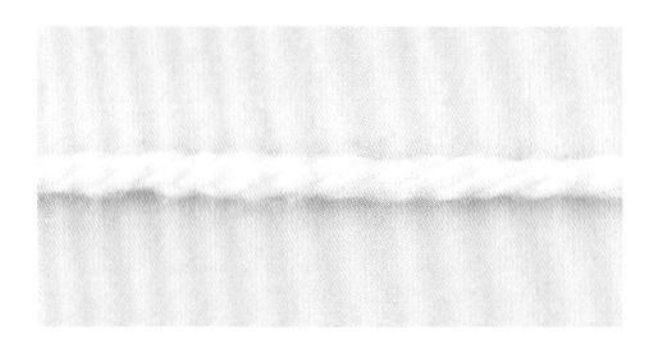

Merino Worsted（极粗）

羊毛（美利奴羊毛）100%／40g（约65m）／全12色

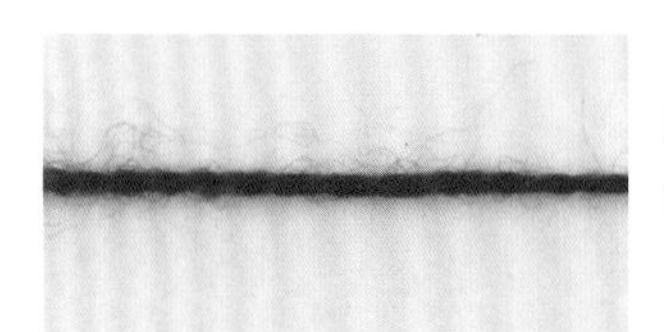

iroiro

羊毛100%／20g（约70m）／全50色

MARCHEN ART

Manila hemp yarn

植物纤维（马尼拉麻）100%／约20g（约50m）／全22色

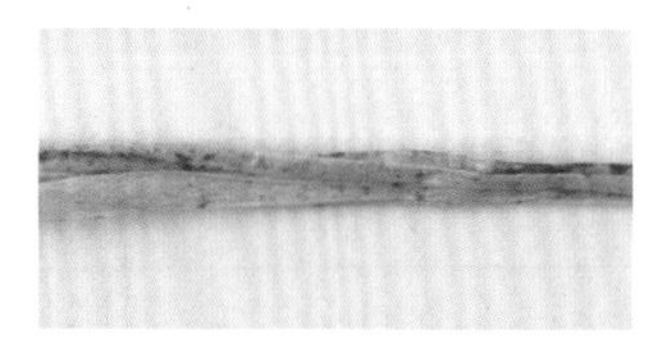

Manila hemp yarn 晕染系列

植物纤维（马尼拉麻）100%／约20g（约50m）／全5色

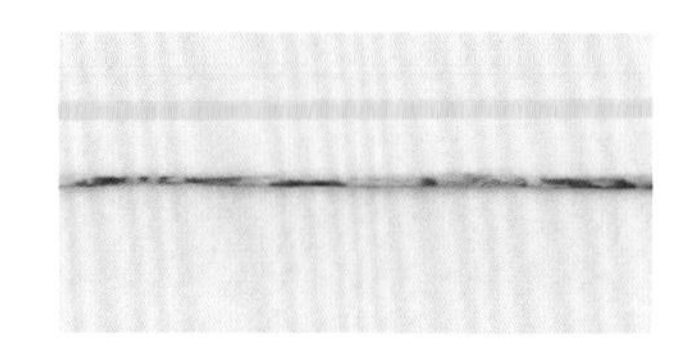

Manila hemp lace

植物纤维（马尼拉麻）100%／约20g（约160m）／全16色

芭贝

Leafy

其他纤维（纸）100%／40g（170m）／全16色

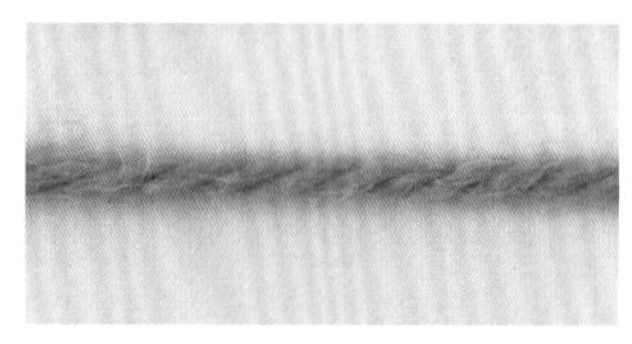

British Eroika

羊毛100%（使用50%以上英国羊毛）／50g（83m）／全35色

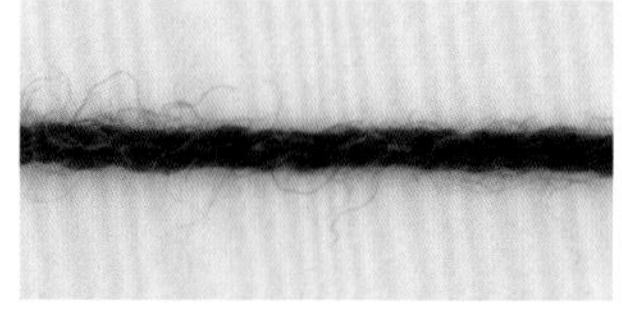

Queen Anny

羊毛100%／50g（97m）／全55色

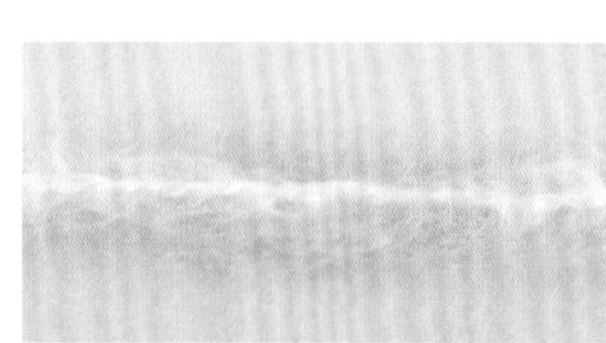

Julika Mohair

马海毛86%（使用顶级幼马海毛）、羊毛8%（使用超细美利奴羊毛）、锦纶6%／40g（102m）／全14色

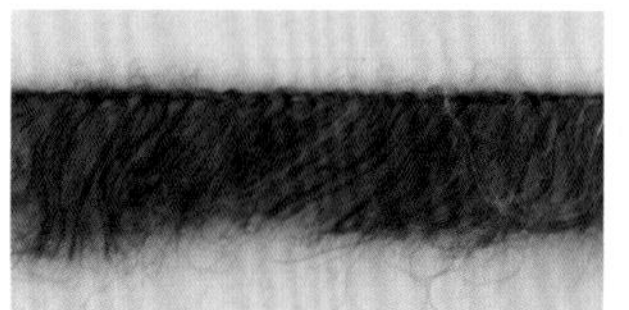

Pelage

羊驼绒63%（使用幼羊驼绒）、锦纶26%、羊毛11%／50g（88m）／全8色

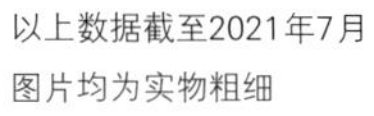

以上数据截至2021年7月
图片均为实物粗细

12 卡包 图片 » p.17

[材料和工具]

和麻纳卡 eco-ANDARIA 米白色（168）12g、绿色（17）4g（各1团）
钩针5/0号

[成品尺寸]

宽6.5cm，深9cm（不含挂绳）

[编织密度]

10cm×10cm面积内：加密短针配色花样20针，20行

[编织要点]

●主体锁针起针后连接成环形，参照图示按加密短针配色花样（参照p.42）钩织18行。第1~18行包住渡线钩织。主体完成后，接着钩织罗纹绳。从线团的另一端拉出线用作罗纹绳的挂线。钩织180针后，分别用主线和挂线在主体的指定位置引拔，将线剪断。
●底部重叠前、后2片做引拔接合。

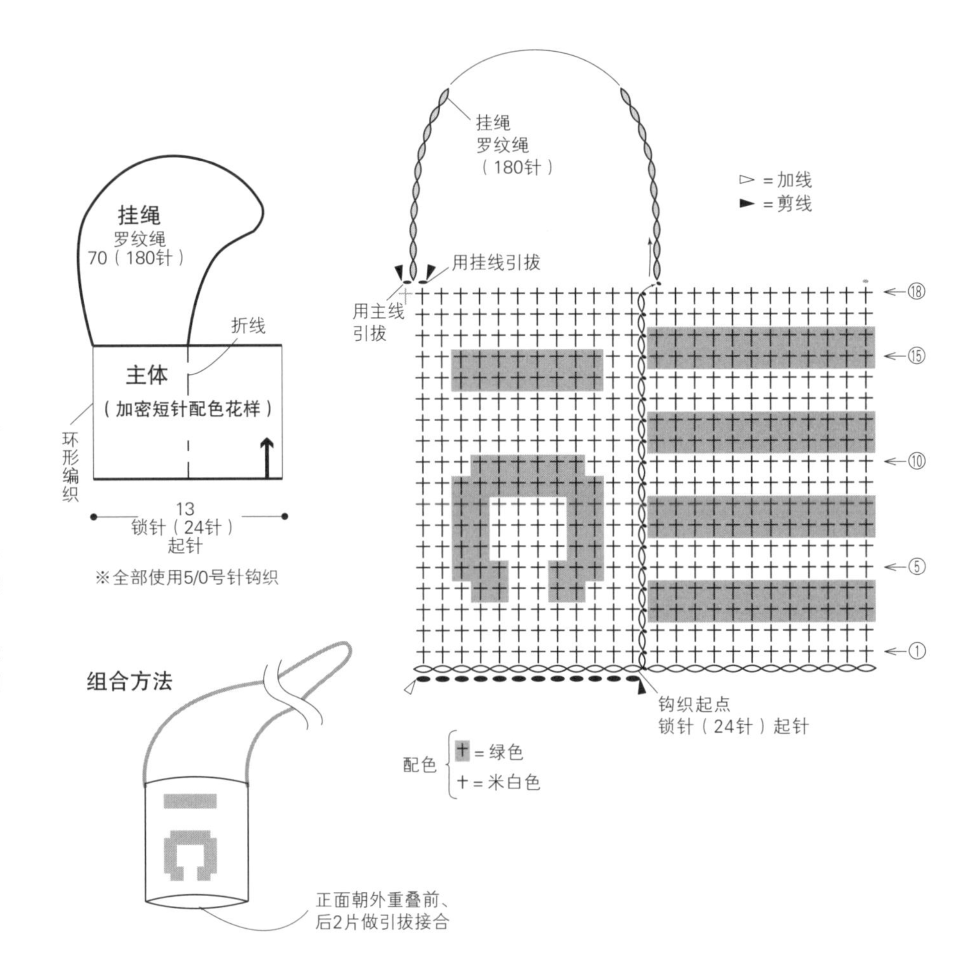
挂绳
罗纹绳
70（180针）
折线
主体
（加密短针配色花样）
环形编织
13
锁针（24针）
起针
※全部使用5/0号针钩织
挂绳
罗纹绳
（180针）
▷ = 加线
▶ = 剪线
用挂线引拔
用主线
引拔
18
15
10
5
1
钩织起点
锁针（24针）起针
配色
= 绿色
＋ = 米白色
组合方法
正面朝外重叠前、
后2片做引拔接合

13 钥匙包 图片 » p.17

[材料和工具]

和麻纳卡 eco-ANDARIA 米色（23）7g、黑色（30）1g（各1团）
钩针5/0号

[成品尺寸]

宽5.5cm，深7cm

[编织密度]

10cm×10cm面积内：加密短针配色花样20针，20行

[编织要点]

●主体锁针起针后连接成环形，参照图示按加密短针配色花样（参照p.42）钩织14行。第1~14行包住渡线钩织。钩织14行后沿折线压平做短针接合。中间的3针仅在前片挑针钩织。

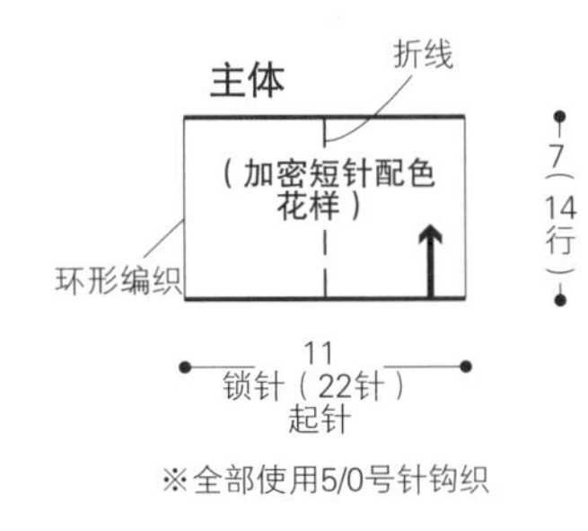
主体
折线
（加密短针配色
花样）
环形编织
7
（14行）
11
锁针（22针）
起针
※全部使用5/0号针钩织

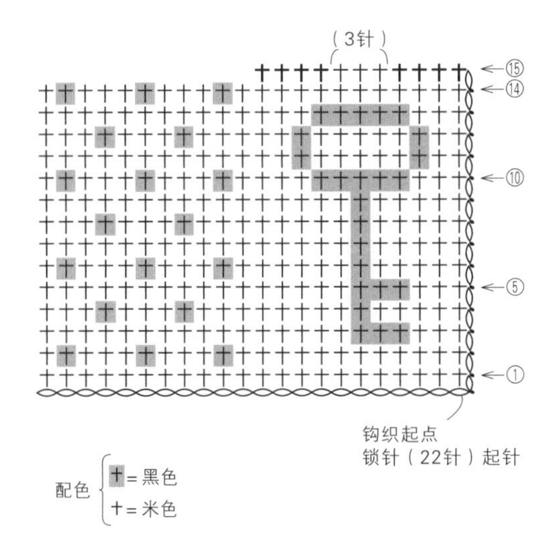
（3针）
15
14
10
5
1
钩织起点
锁针（22针）起针
配色
= 黑色
＋ = 米色

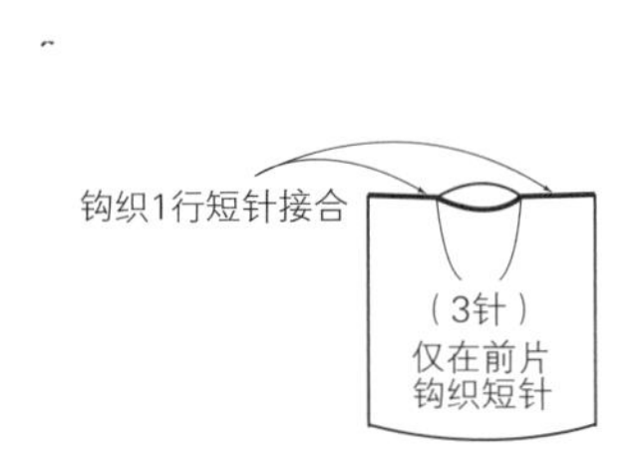
钩织1行短针接合
（3针）
仅在前片
钩织短针

2 菜篮子风手提包 图片 » p.6

[材料和工具]

MΛRCHEN ART Manila hemp yarn 芥末黄色（521）119g（6团），白色（500）74g（4团）
直径5mm的PP绳（麦秆色）32cm×2条
钩针5/0号、6/0号

[成品尺寸]

包口周长80cm，深22cm（不含提手）

[编织密度]

10cm×10cm面积内：短针20针，19行；短针配色花样20针，18行

[编织要点]

●底部钩织60针锁针起针，参照图示无须加减针钩织19行短针，将线剪断。
●接着在侧边中心加线，侧面按短针配色花样包住横向渡线钩织40行（做环状的往返编织）。结束时用相同方法横向渡线钩织1行引拔针。
●提手钩织6针锁针起针，无须加减针钩织58行短针。
●参照图示用提手的织物包住PP绳，缝在内侧的指定位置。

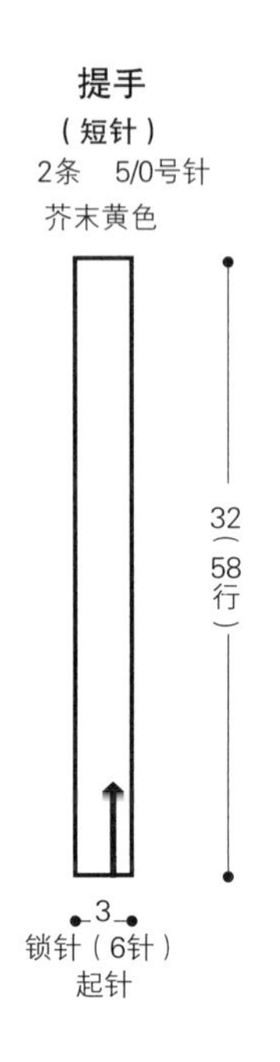

提手
（短针）
2条 5/0号针
芥末黄色
32（58行）
3
锁针（6针）起针

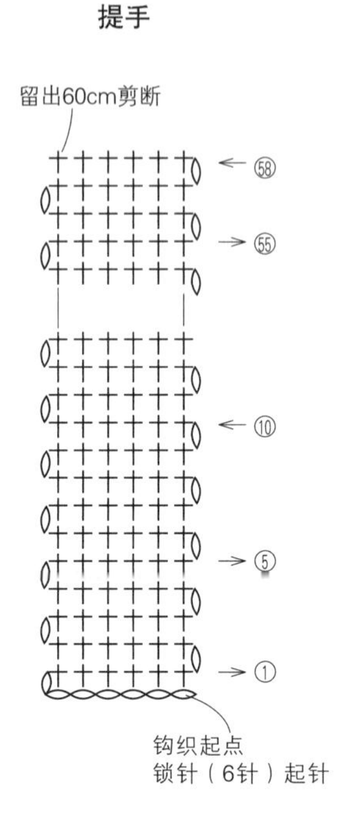

提手
留出60cm剪断
58
55
10
5
1
钩织起点
锁针（6针）起针

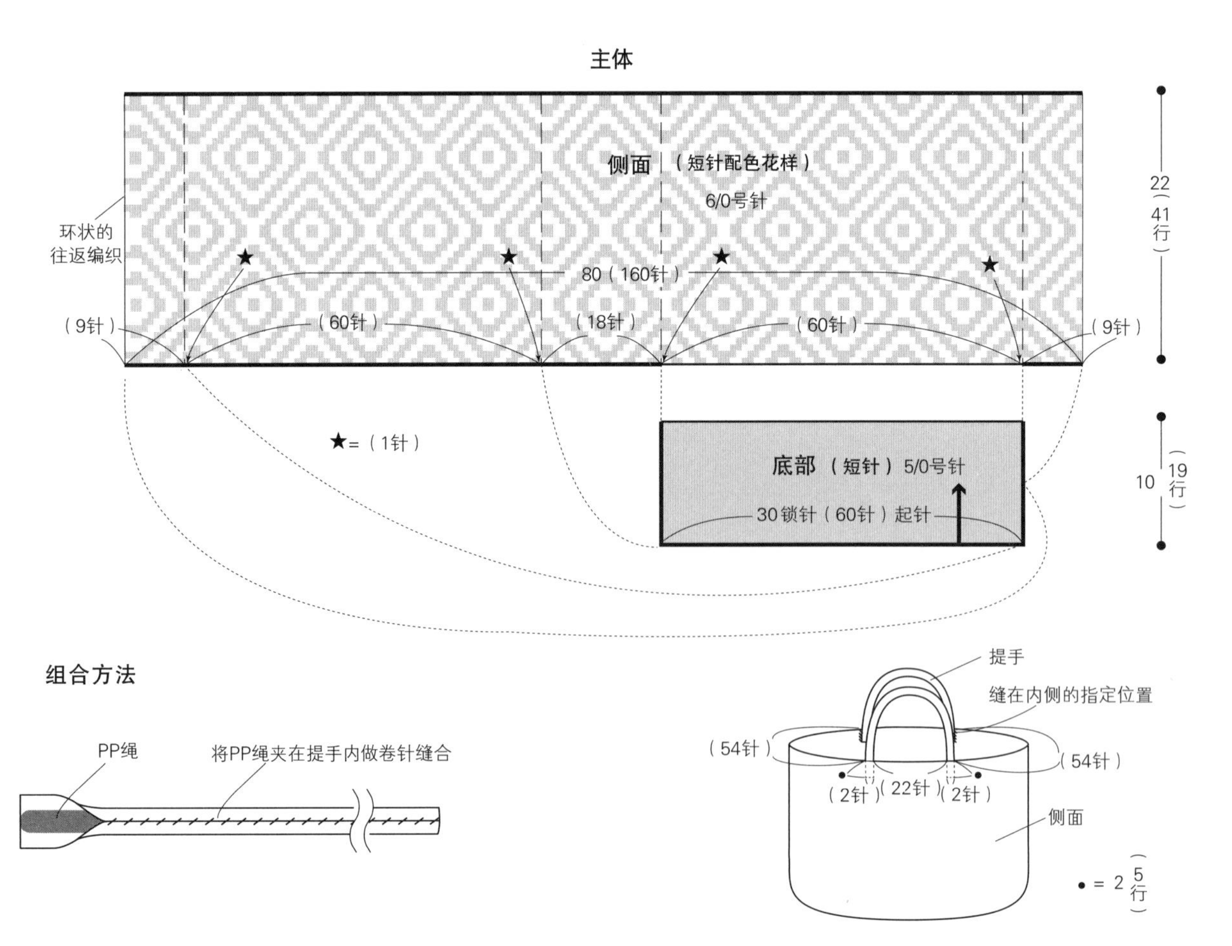

主体
侧面（短针配色花样）
6/0号针
环状的往返编织
80（160针）
（9针）
（60针）
（18针）
（60针）
（9针）
22（41行）
★=（1针）
底部（短针）5/0号针
30锁针（60针）起针
10（19行）
组合方法
PP绳
将PP绳夹在提手内做卷针缝合
提手
缝在内侧的指定位置
（54针）
（54针）
（2针）
（22针）
（2针）
侧面
● = 2（5行）

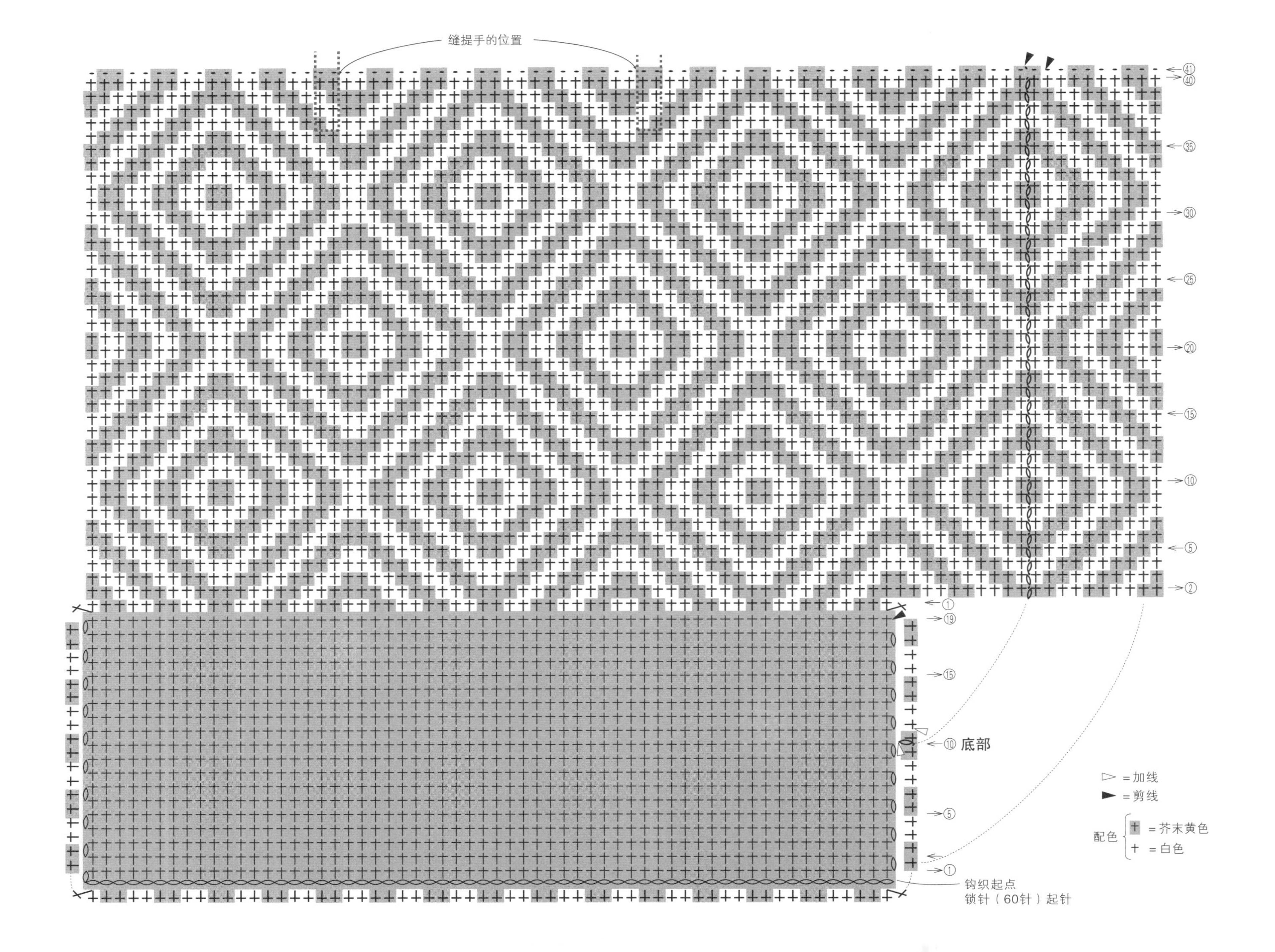

缝提手的位置
底部
▷ = 加线
◀ = 剪线
配色 + = 芥末黄色
+ = 白色
钩织起点
锁针（60针）起针

4 四叶草底部的网兜 图片 » p.9

[材料和工具]

达摩手编线 SASAWASHI 绿色（14）125g（5团）
钩针5/0号、6/0号

[成品尺寸]

宽38cm，深34.5cm（不含提手）

[编织密度]

10cm×10cm面积内：编织花样、方眼花样均为18.5针，8.5行（没有加减针钩织的情况）

[编织要点]

●底部环形起针，参照图示按编织花样一边加针一边钩织12行。接着侧面按方眼花样一边加减针一边钩织12行。钩织终点暂时不要将线剪断。

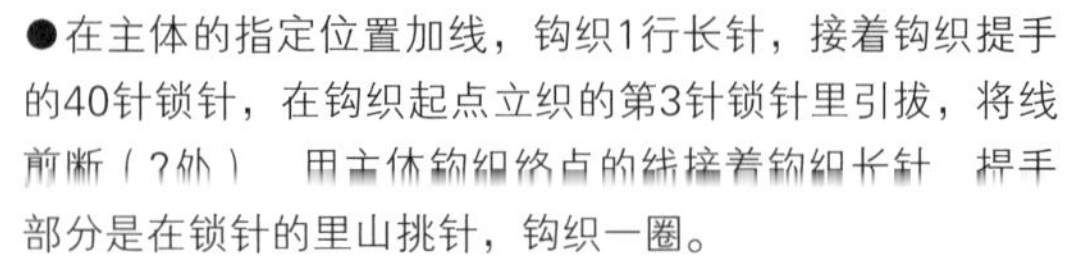

●在主体的指定位置加线，钩织1行长针，接着钩织提手的40针锁针，在钩织起点立织的第3针锁针里引拔，将线剪断（2处）。用主体钩织终点的线接着钩织长针。提手部分是在锁针的里山挑针，钩织一圈。

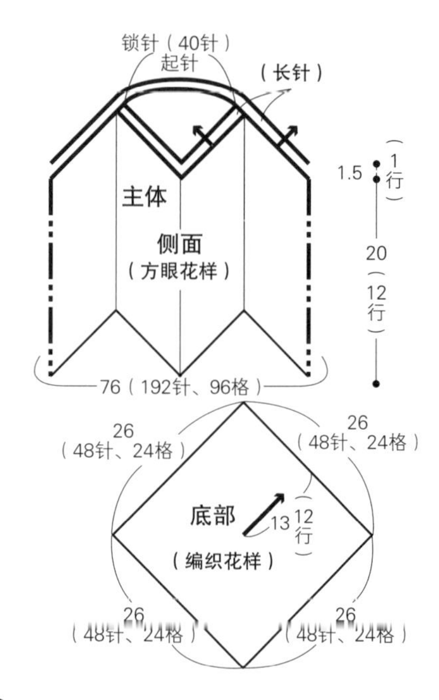
锁针（40针）
起针
（长针）
1.5
1行
主体
侧面
（方眼花样）
20
12行
76（192针、96格）
26
（48针、24格）
26
（48针、24格）
底部
（编织花样）
13
12行
26
（48针、24格）
26
（48针、24格）

※底部的第1~8行与提手的长针用5/0号针，底部的第9~12行与侧面的第1~12行用6/0号针钩织

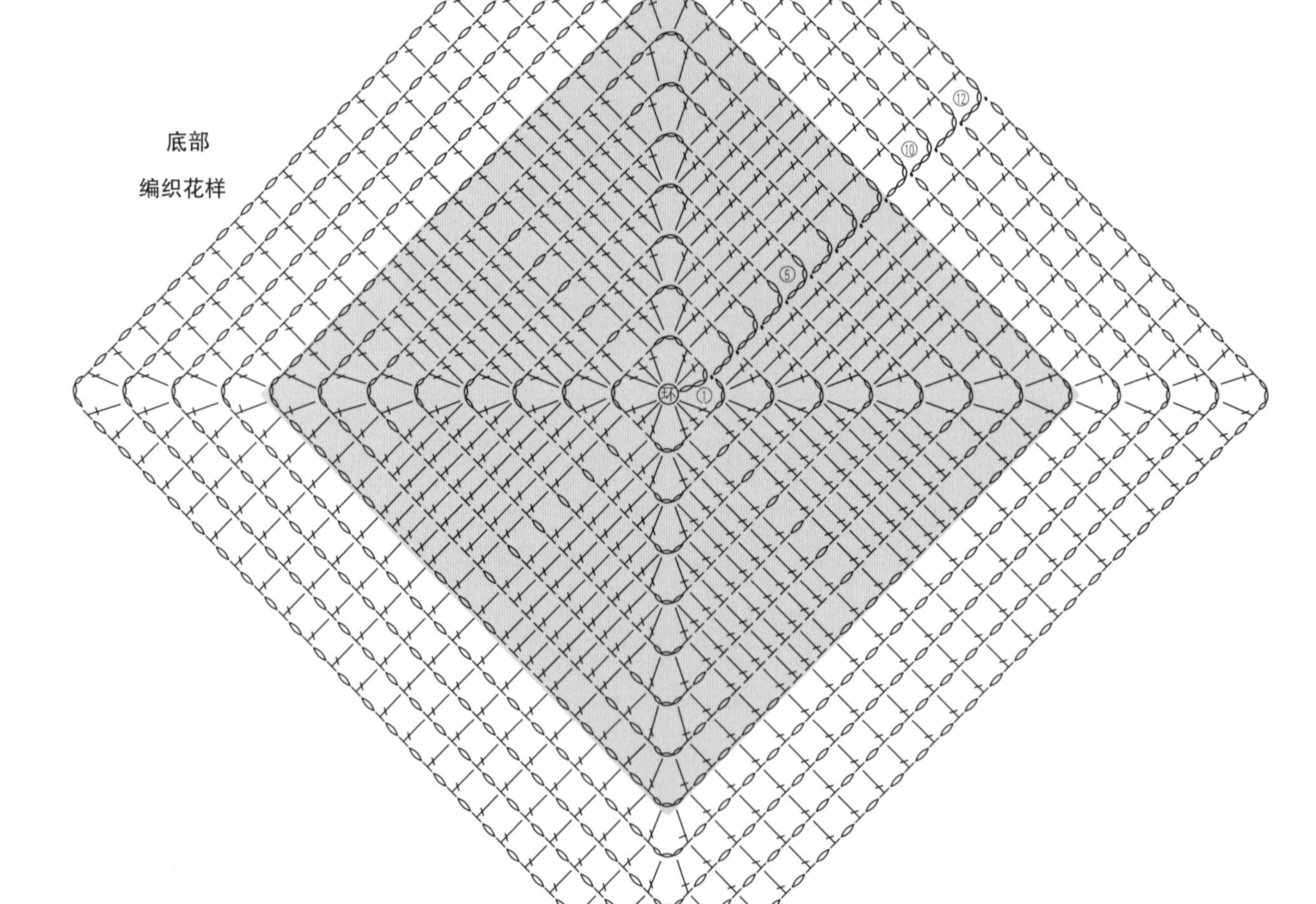
底部
编织花样
⑫
⑩
⑤
环
①

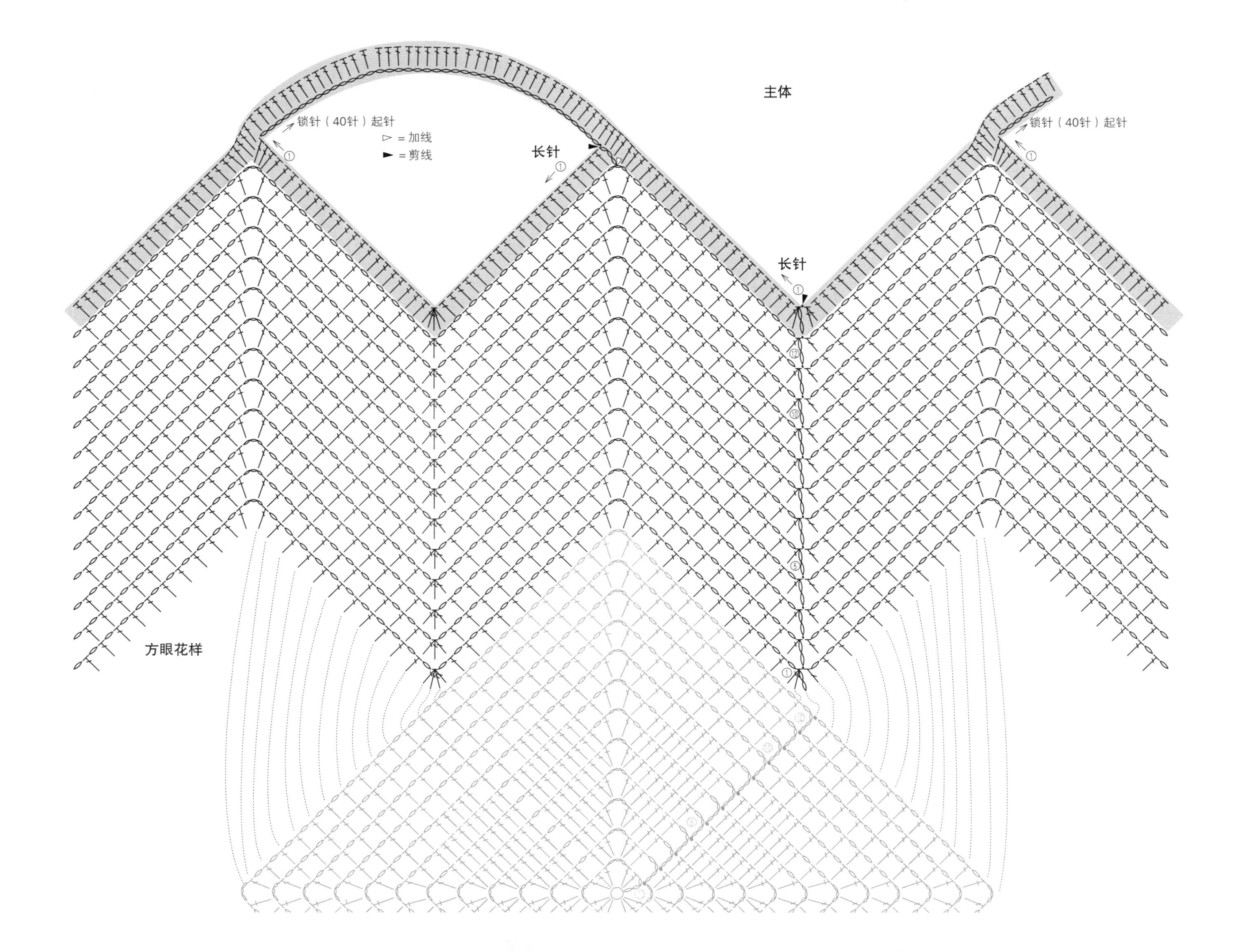
主体
锁针（40针）起针
▷ = 加线
▶ = 剪线
长针
长针
锁针（40针）起针
方眼花样

5 扇形边缘的束口袋 图片 » p.11

[材料和工具]

MARCHEN ART Manila hemp yarn 晕染系列 黄褐色（542）60g（3团）
亚麻布（黑色）90cm × 54cm
钩针6/0号

[成品尺寸]

袋口周长58cm，底筐部分深10cm

[编织密度]

10cm × 10cm面积内：编织花样14针，20行

[编织要点]

●底筐部分的底部环形起针，参照p.42和图示一边加针一边按编织花样钩织16行。接着侧面无须加减针按编织花样钩织20行。
●参照缝制方法用亚麻布制作束口袋的上半部分。
●将底筐部分的上端4行与上半部分的下端重叠缝合。

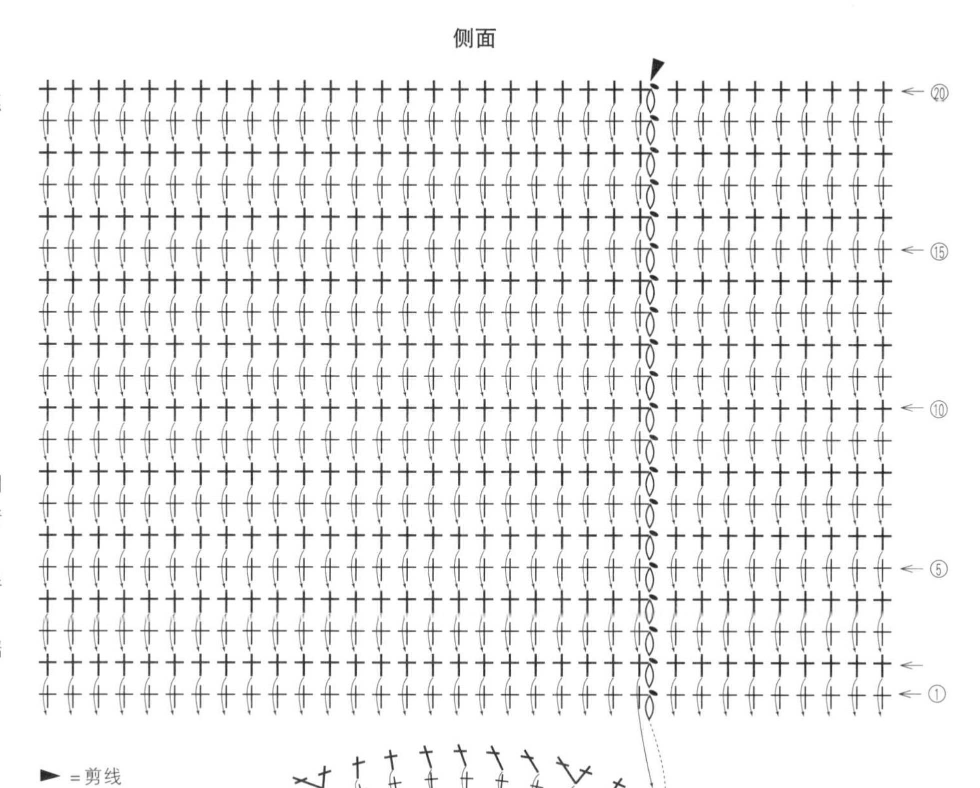
侧面
⑳
⑮
⑩
⑤
①
▶ = 剪线

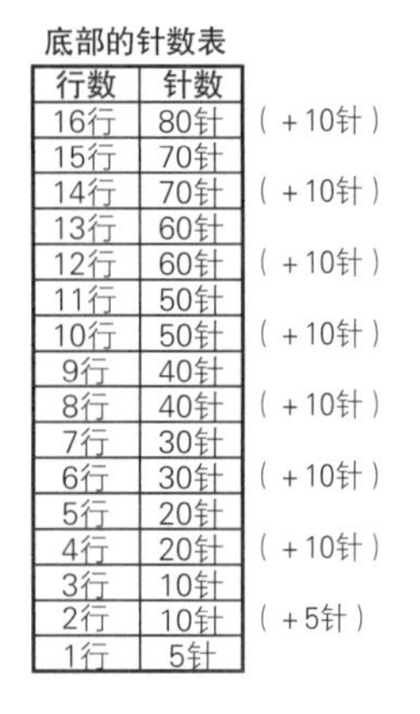

底部的针数表

行数	针数	
16行	80针	（+10针）
15行	70针	
14行	70针	（+10针）
13行	60针	
12行	60针	（+10针）
11行	50针	
10行	50针	（+10针）
9行	40针	
8行	40针	（+10针）
7行	30针	
6行	30针	（+10针）
5行	20针	
4行	20针	（+10针）
3行	10针	
2行	10针	（+5针）
1行	5针	

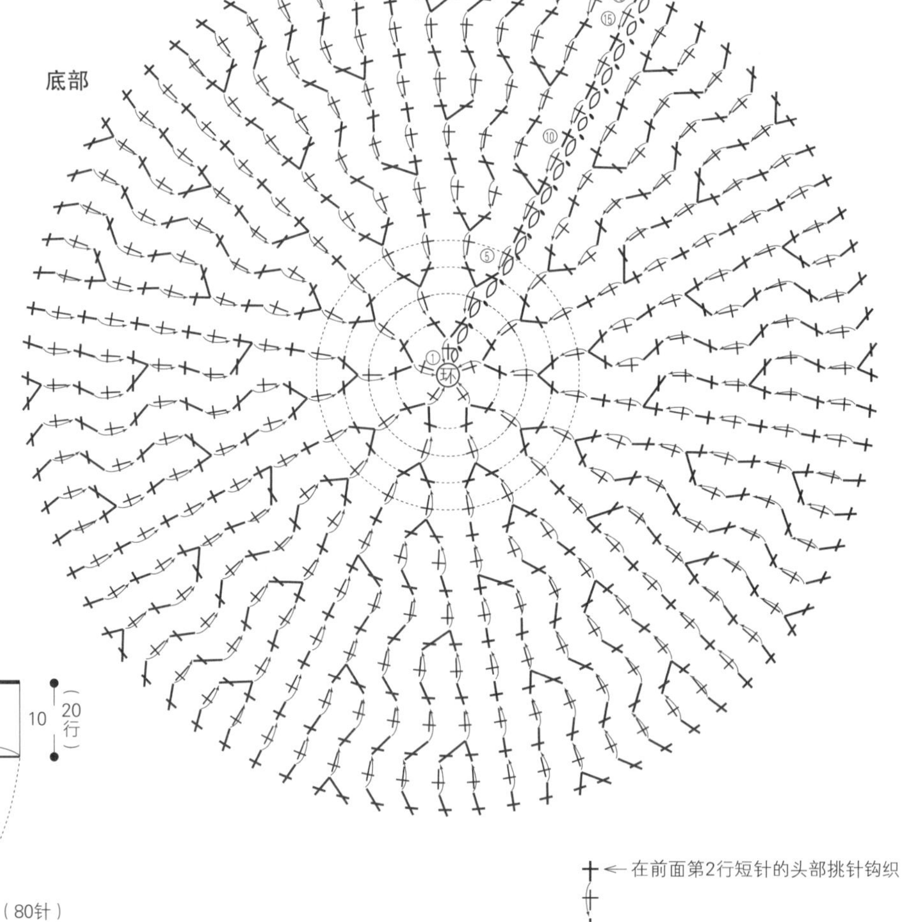
底部
⑯
⑮
⑩
⑤
①
环
在前面第2行短针的头部挑针钩织

底筐部分

侧面（编织花样）
58（80针）
10（20行）
环形编织
底部（编织花样）
16行
（80针）
16

※全部使用6/0号针钩织

上半部分的缝制方法和组合方法

①裁剪各部分。

※亚麻布

6 6 提手 提手 46 主体 主体 34 32 32 抽绳 4 抽绳 4 90

②在主体上画出扇形轮廓线，剪牙口。

※尺寸参照右图

扇形轮廓线 主体（反面） 2片 剪牙口 剪牙口

主体 1 10 4.8 2.4 17 1 折线 6 3 穿绳通道机缝线 牙口 0.5cm 牙口 0.5cm 14 12.5 1.5 32 1.5

③制作抽绳。

2条

抽绳（正面） 1 0.2

※折成4层后缝合

④制作提手。

2条

提手（正面） 2 0.2

※折成4层后缝合

⑤将主体两侧牙口以下的缝份翻折后沿边缘缝合（修剪缝份）。

0.2 主体（反面） 0.5

⑥主体的上端用熨斗烫出折痕。

1 主体（正面）

⑦将⑥的翻折部分展开，再将2片主体正面相对，留出穿绳孔缝合。

折痕 1 17 主体（反面） 3（穿绳孔） 14

⑧分开⑦的缝份，在穿绳孔的周围机缝压线。被盖住的扇形轮廓线重新补画（粗线部分）。

0.5 主体（反面） 主体（反面）

⑨将提手夹在⑥的折痕位置缝合一圈。

⑩翻至正面，再沿折线翻折，在扇形边缘缝合。

⑪剪掉扇形边缘的缝份，翻回正面，借助锥子等工具用熨斗整理弧线部位。

⑫缝制穿绳通道。

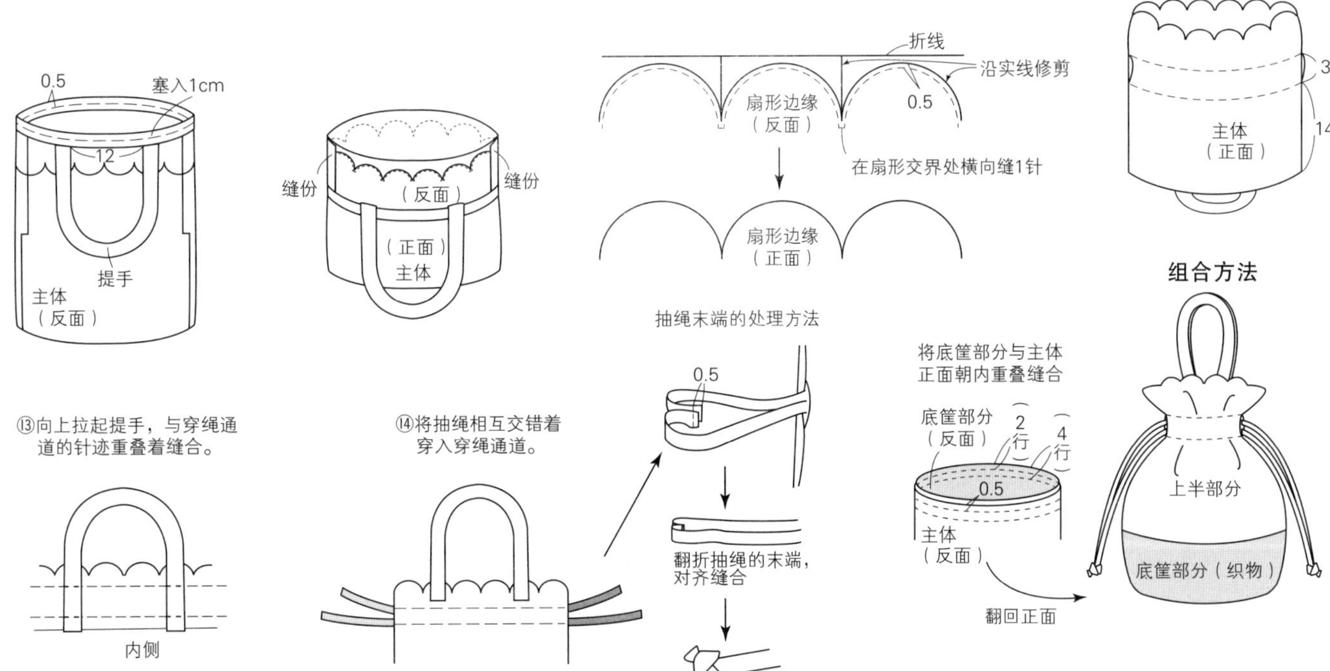

0.5
塞入1cm
12
提手
主体
（反面）
缝份
（反面）
缝份
（正面）
主体
折线
沿实线修剪
扇形边缘
（反面）
0.5
在扇形交界处横向缝1针
扇形边缘
（正面）
3
主体
（正面）
14
组合方法
抽绳末端的处理方法
0.5
翻折抽绳的末端，
对齐缝合
将抽绳末端打一个结
⑬向上拉起提手，与穿绳通道的针迹重叠着缝合。
内侧
⑭将抽绳相互交错着穿入穿绳通道。
将底筐部分与主体正面朝内重叠缝合
底筐部分
（反面）
2行
4行
0.5
主体
（反面）
翻回正面
上半部分
底筐部分（织物）

26 包芯编织的手提包 图片 » p.32

[材料和工具]

达摩手编线 SASAWASHI 浅棕色（2）
147g（6团）
直径5mm的PP绳（麦秆色）21m
钩针6/0号

[成品尺寸]

包口周长85cm，深18.5cm（不含提手）

[编织密度]

10cm×10cm面积内：包芯短针17针，10行

[编织要点]

●参照p.46、47钩织。底部钩织23针锁针起针，一边在指定位置加针，一边包住PP绳钩织10行包芯短针。接着无须加减针钩织18行。在钩织起点与钩织终点的PP绳上涂上胶水防止散开。

●提手按与主体相同的要领钩织2条。

●用斜针缝将提手缝在主体的指定位置。

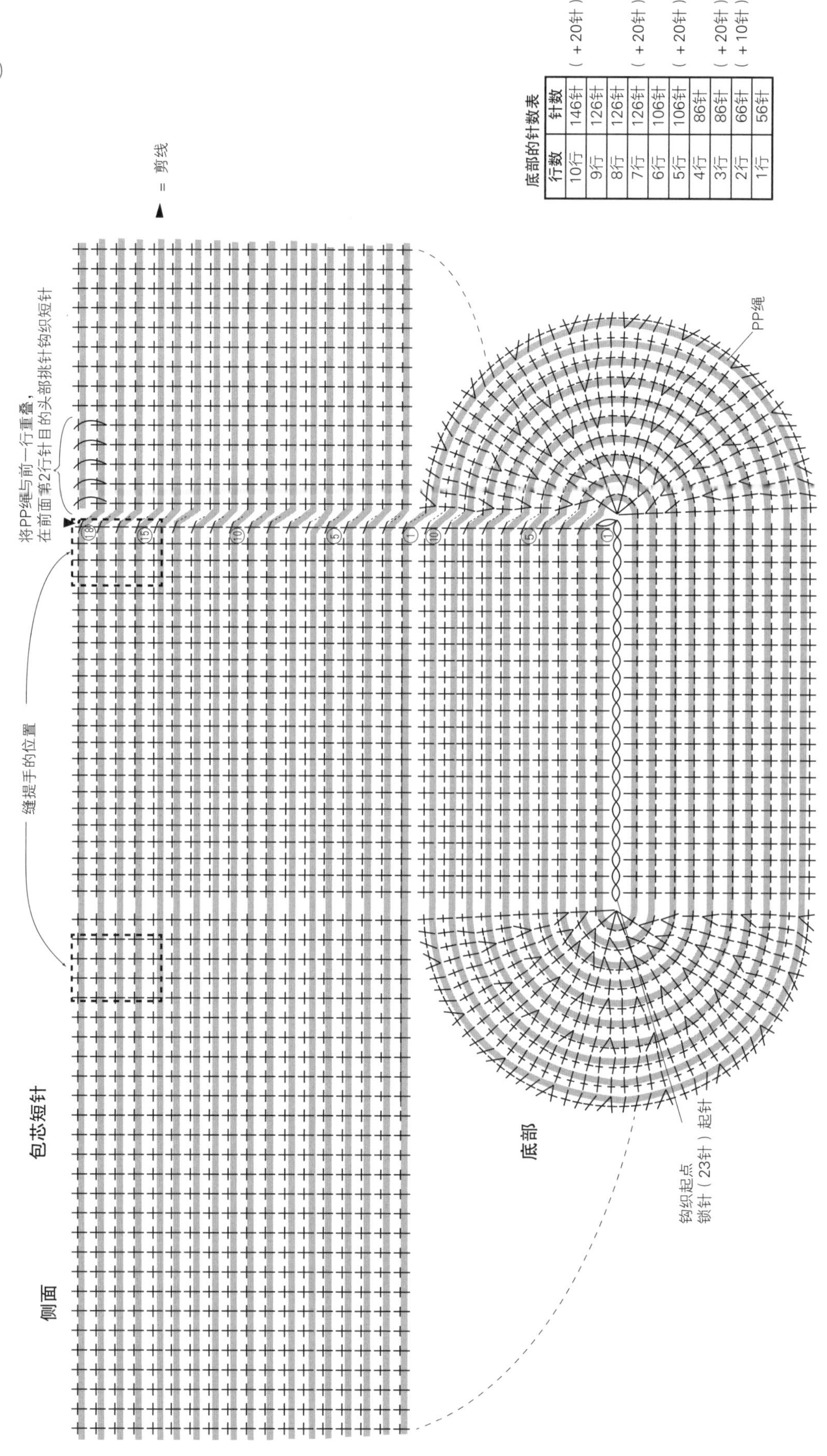

底部的针数表

行数	针数	
10行	146针	（+20针）
9行	126针	
8行	126针	
7行	126针	（+20针）
6行	106针	
5行	106针	（+20针）
4行	86针	
3行	86针	（+20针）
2行	66针	（+10针）
1行	56针	

= 剪线
将PP绳与前一行重叠，
在前面第2行针目的头部挑针钩织短针
缝提手的位置
包芯短针
侧面
底部
PP绳
钩织起点
锁针（23针）起针

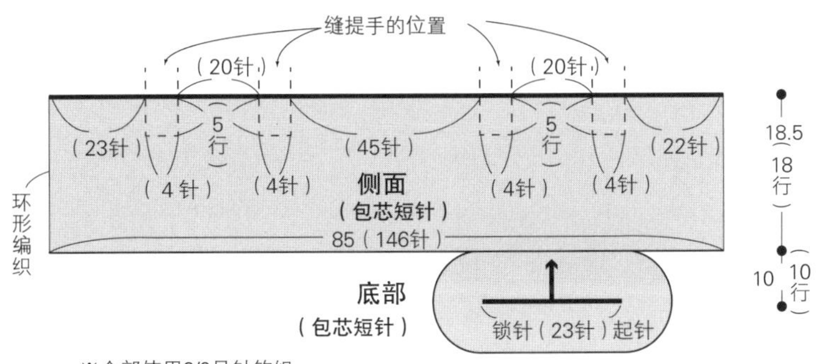
缝提手的位置
(20针)
(20针)
(23针)
5行
(45针)
5行
(22针)
(4针)
(4针)
侧面
(包芯短针)
(4针)
(4针)
环形编织
85(146针)
18.5
18行
10
10行
底部
(包芯短针)
锁针(23针)起针

※全部使用6/0号针钩织

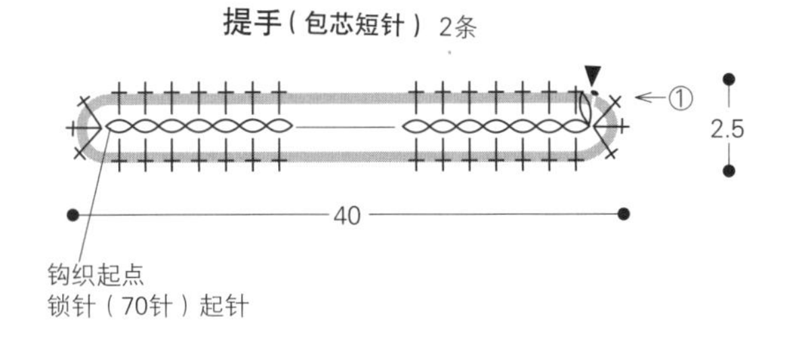
提手(包芯短针) 2条
①
2.5
40
钩织起点
锁针(70针)起针

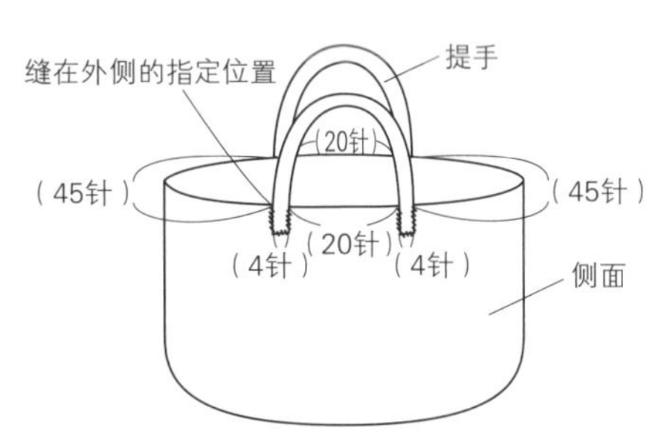
组合方法
缝在外侧的指定位置
提手
(20针)
(45针)
(45针)
(20针)
(4针)
(4针)
侧面

3 正方形花片手提包

图片 » p.6

[材料和工具]

和麻纳卡 eco-ANDARIA 米色(23)173g(5团),黑色(30)34g(1团)

钩针6/0号

[成品尺寸]

包口周长92cm,深25.5cm(不含提手)

[编织密度]

花片大小23cm×23cm

[编织要点]

●花片环形起针,参照p.58的图示一边加针一边钩织10行。钩织5片花片,注意底部花片的第9、10行不同。

●参照钩织顺序进行组合。

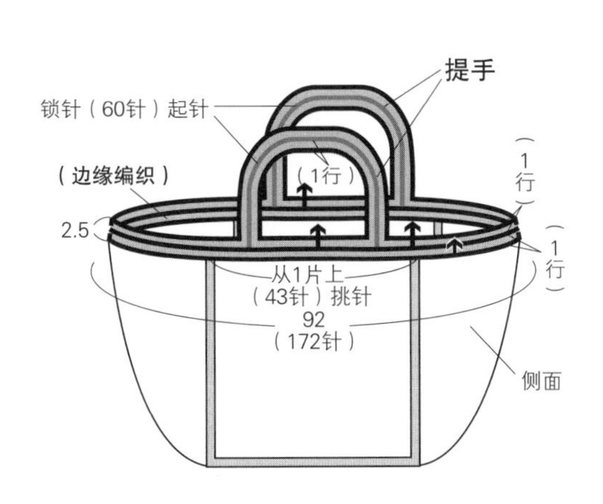
提手
锁针(60针)起针
(边缘编织)
(1行)
1行
2.5
1行
从1片上
(43针)挑针
92
(172针)
侧面

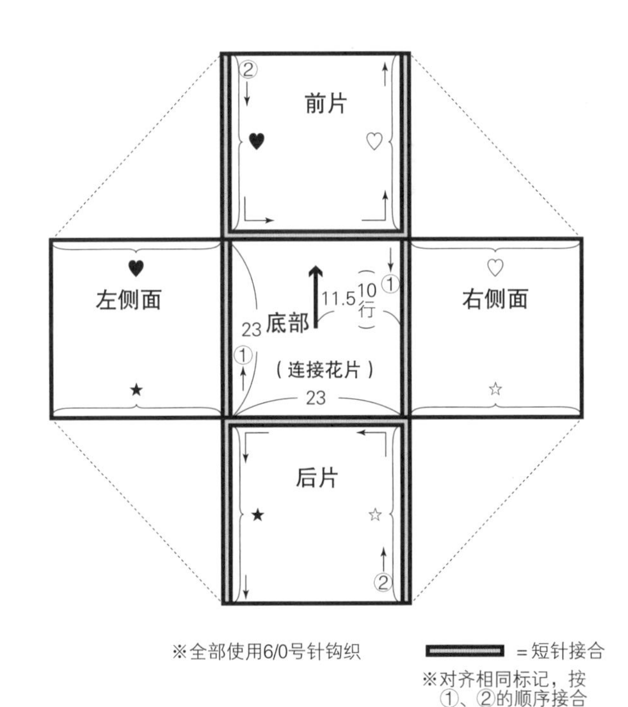
前片
②
左侧面
右侧面
11.5
10行
①
23
底部
(连接花片)
23
后片
②

※全部使用6/0号针钩织　　▬ =短针接合

※对齐相同标记,按①、②的顺序接合

钩织顺序

①钩织5片花片,参照图示正面朝外对齐做短针接合。
②在侧面的包口环形钩织1行边缘,将线放置一边暂停钩织。
③在提手的指定位置加线,钩织60针锁针(2处)。接着在提手的内侧钩织1行。
④从②暂停钩织的位置开始,在包口和提手的外侧钩织1行。

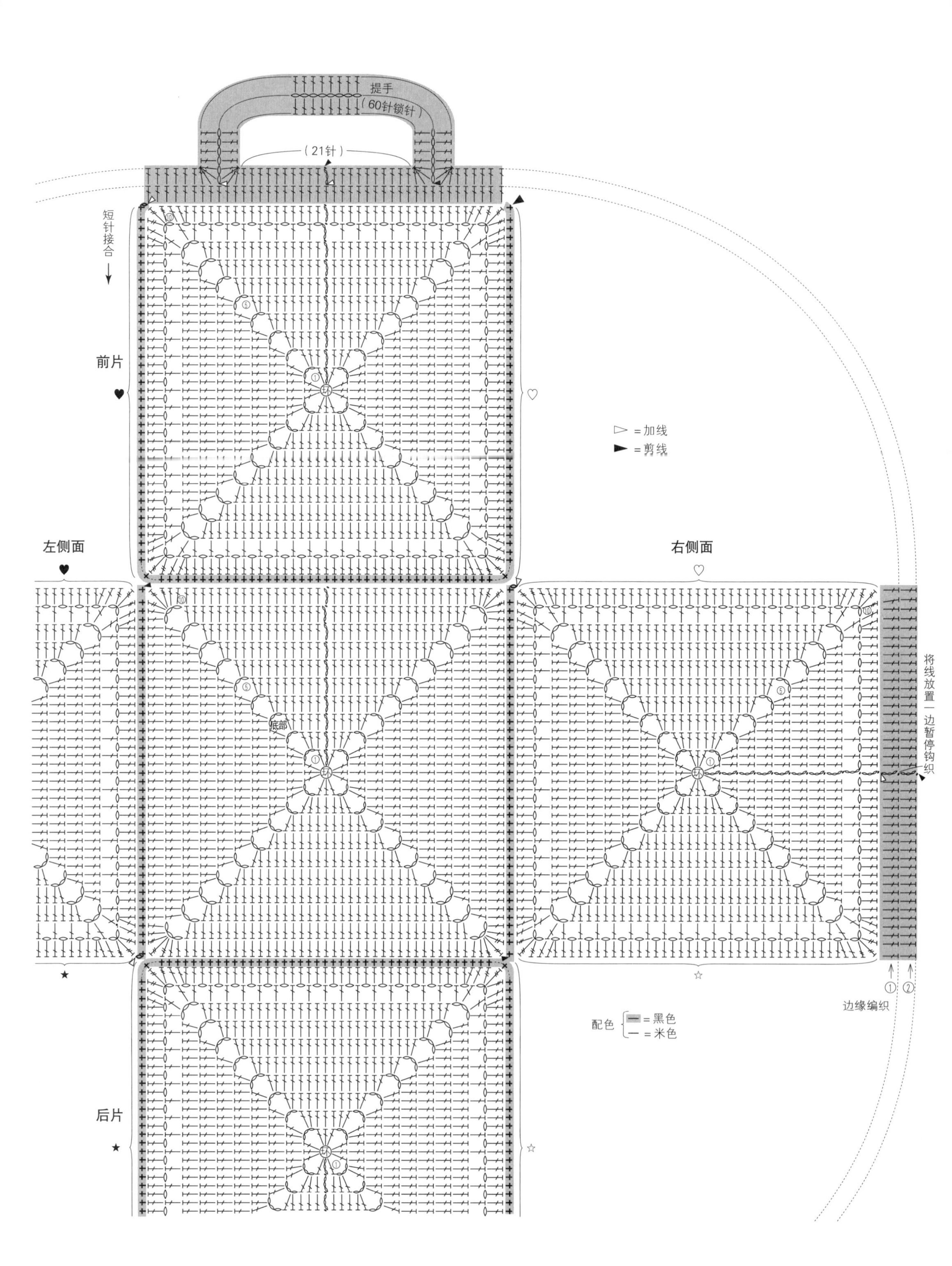

提手
（60针锁针）
（21针）
短针接合
前片
左侧面
右侧面
底部
后片
▷ = 加线
◀ = 剪线
将线放置一边暂停钩织
边缘编织
配色
= 黑色
= 米色

8 松叶针条纹网兜

图片 » p.13

[材料和工具]

和麻纳卡 eco-ANDARIA 金色（170）89g（3团）

钩针6/0号

[成品尺寸]

袋口周长68cm，深22.5cm（不含提手）

[编织密度]

10cm×10cm面积内：编织花样17.5针，11行

[编织要点]

●底部环形起针，参照p.60的图示一边加针一边钩织10行长针。接着侧面无须加减针按编织花样钩织17行，将线剪断。在指定位置加线，一边在两端减针一边钩织6行（4处）。

●在指定位置加线，钩织1行长针，接着钩织提手的50针锁针，在钩织起点立织的第3针锁针里引拔，将线剪断（2处）。然后钩织长针，提手部分是在锁针的里山挑针，钩织一圈。

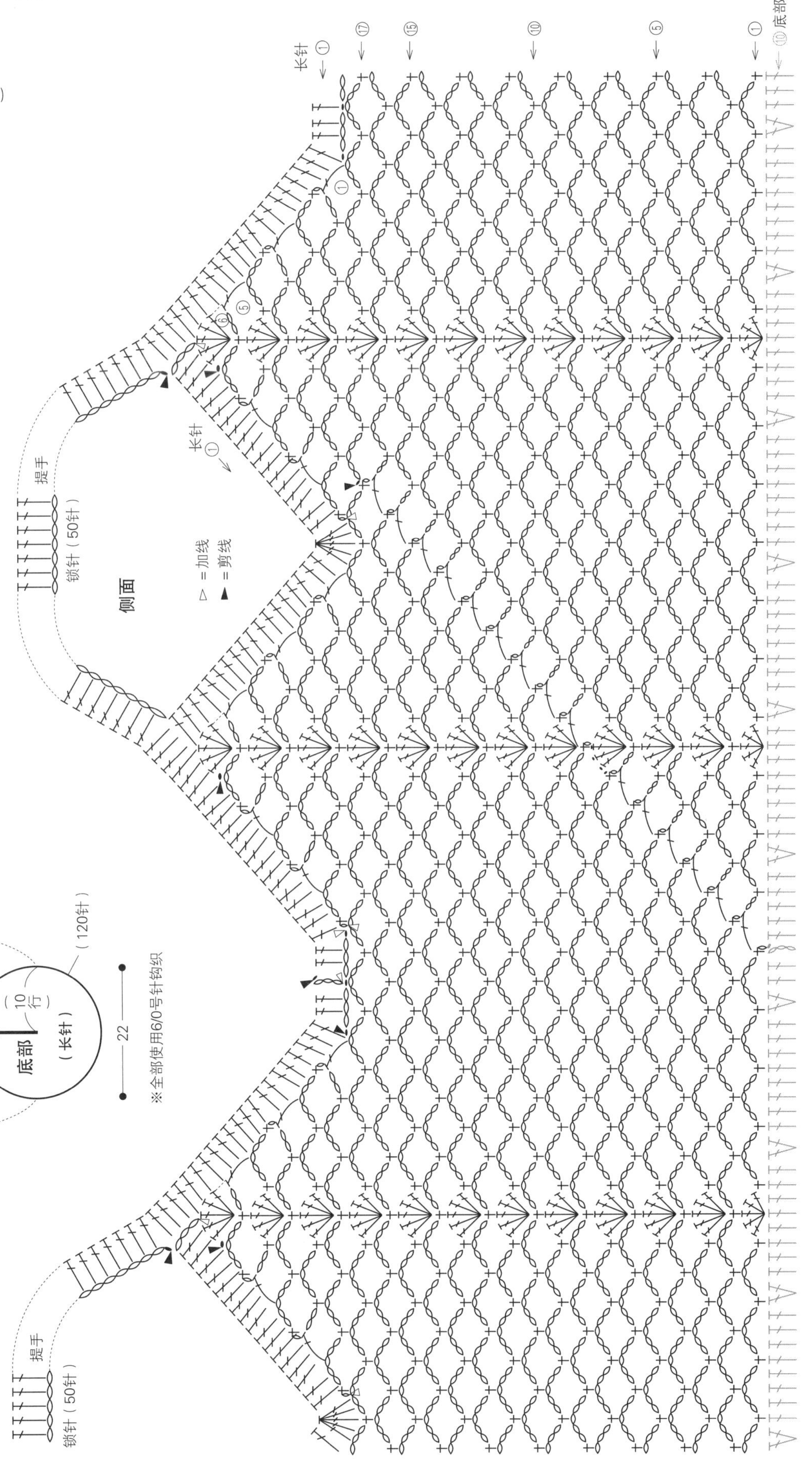

长针 ①
⑰
⑮
⑩
⑤
①
⑩底部
⑥
⑤
长针 ①
提手
锁针（50针）
侧面
▷ = 加线
▶ = 剪线
（6行）
5.5
（1行）
1.5
15.5
（17行）
（长针）
（120针）
（10行）
底部
（长针）
22
侧面
（编织花样）
68（120针、30个网眼）
锁针（50针）起针
※全部使用6/0号针钩织

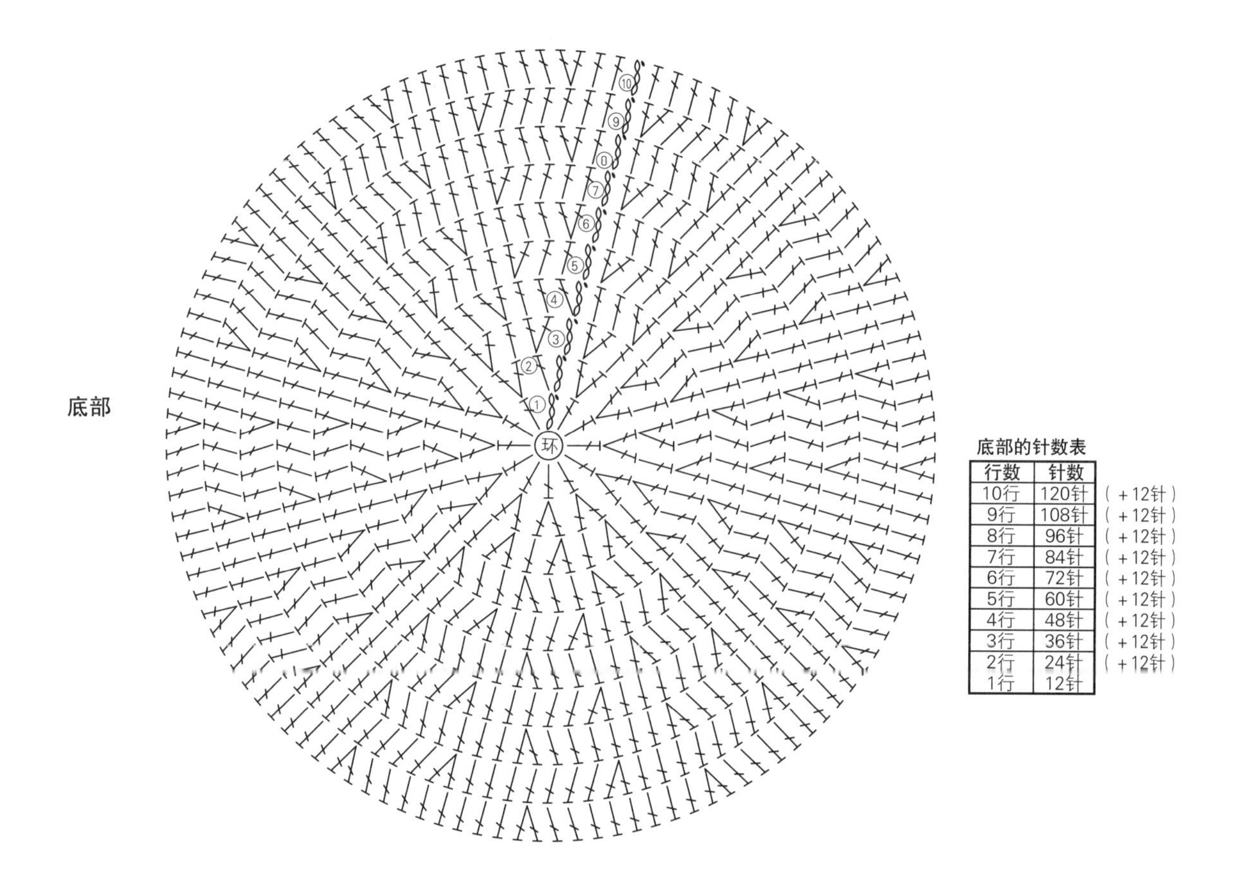

底部
环
底部的针数表

底部的针数表

行数	针数	
10行	120针	（+12针）
9行	108针	（+12针）
8行	96针	（+12针）
7行	84针	（+12针）
6行	72针	（+12针）
5行	60针	（+12针）
4行	48针	（+12针）
3行	36针	（+12针）
2行	24针	（+12针）
1行	12针	

7 方眼花样的环保袋

图片 » p.12

[材料和工具]

和麻纳卡 eco-ANDARIA 银色（174）
103g（3团）
钩针6/0号

[成品尺寸]

宽29cm，深25cm（不含提手）

[编织密度]

10cm × 10cm面积内：方眼花样24.5针，19行

[编织要点]

●钩织97针锁针起针，参照图示按方眼花样钩织23行。接着提手右侧一边在中间减针一边钩织13行，左侧加线用相同方法钩织13行。钩织2片相同的织物，在钩织终点位置做卷针缝合。

●将2片主体正面朝内对齐，侧边钩织短针和锁针接合。翻回正面，沿折线向内折叠侧边，钩织内侧的边缘。指定位置连同折进去的侧边一起挑针钩织。

●将侧边折进内侧，底边钩织短针和锁针接合。侧边部分在重叠的4层针目里挑针钩织。

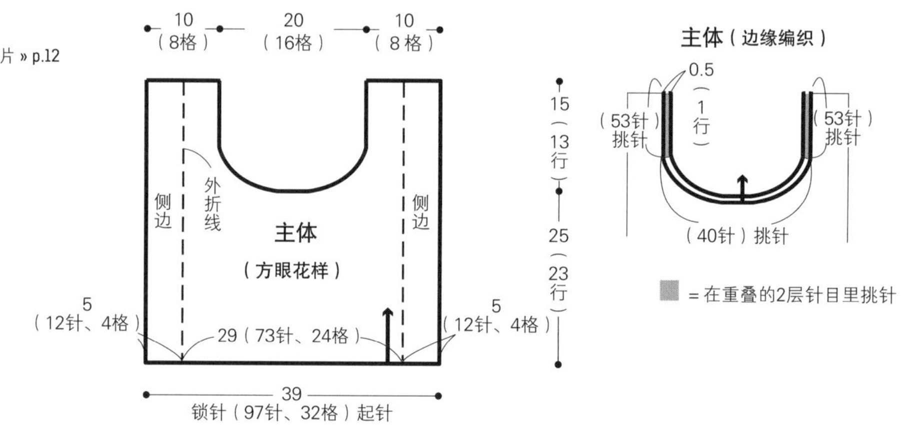

10
（8格）
20
（16格）
10
（8格）
15
（13行）
25
（23行）
侧边
外折线
侧边
主体
（方眼花样）
5
（12针、4格）
29（73针、24格）
5
（12针、4格）
39
锁针（97针、32格）起针
主体（边缘编织）
0.5
（1行）
（53针）挑针
（53针）挑针
（40针）挑针
= 在重叠的2层针目里挑针

组合方法

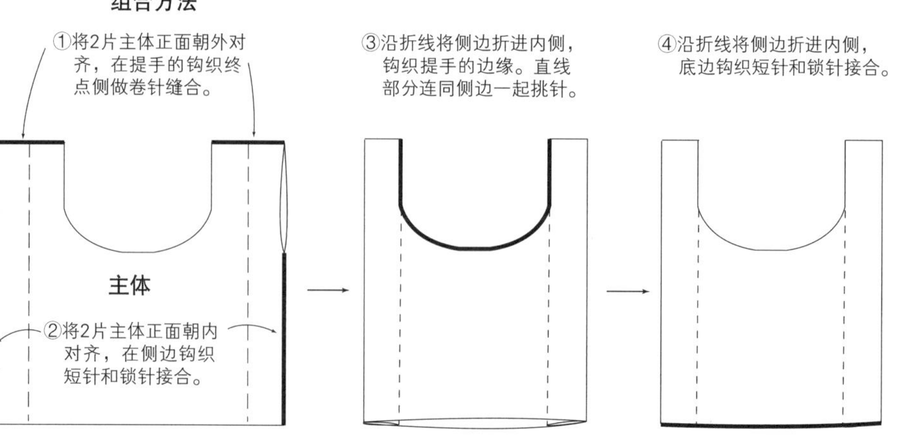

①将2片主体正面朝外对齐，在提手的钩织终点侧做卷针缝合。
主体
②将2片主体正面朝内对齐，在侧边钩织短针和锁针接合。
③沿折线将侧边折进内侧，钩织提手的边缘。直线部分连同侧边一起挑针。
④沿折线将侧边折进内侧，底边钩织短针和锁针接合。

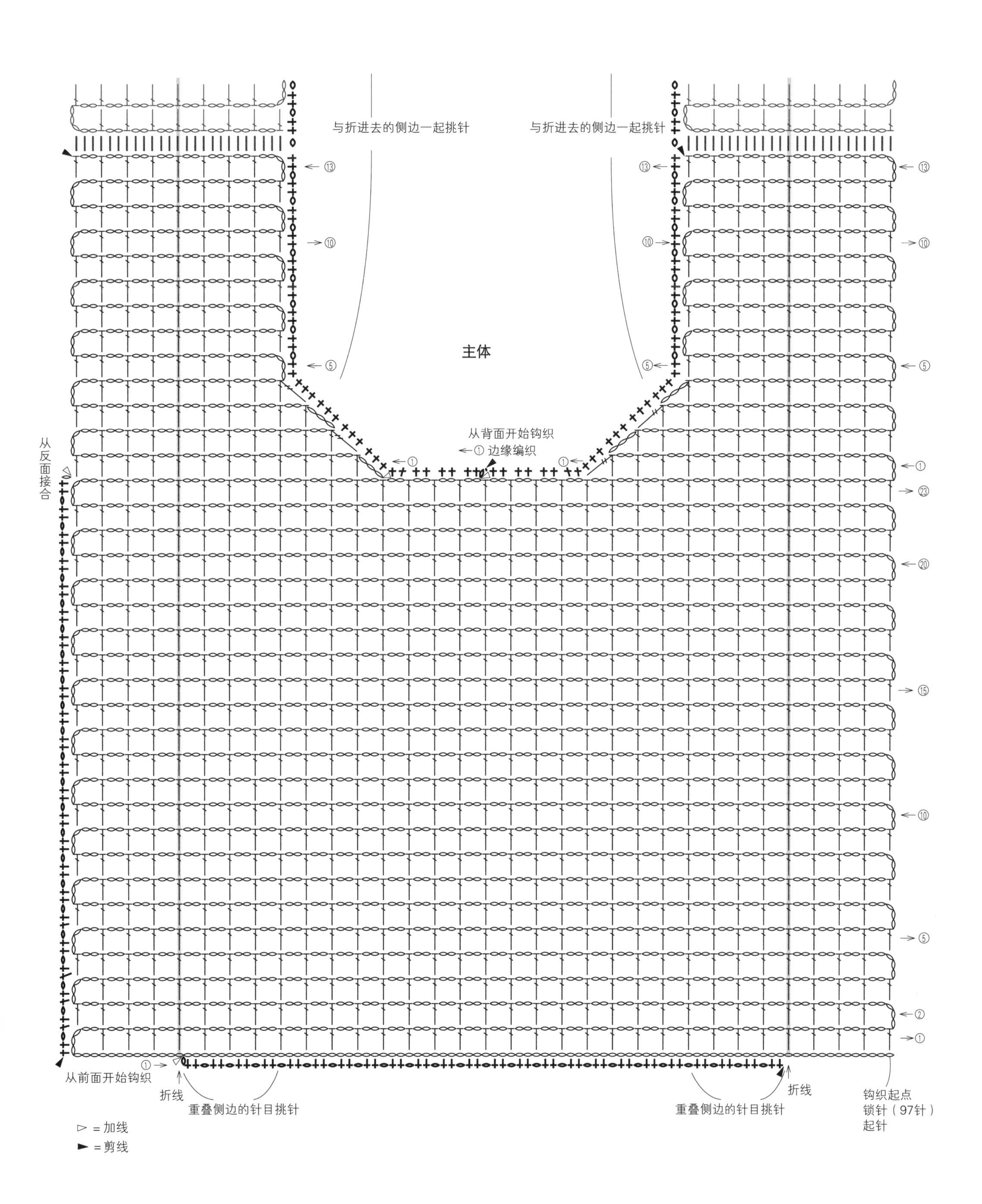

与折进去的侧边一起挑针
与折进去的侧边一起挑针
主体
从背面开始钩织
① 边缘编织
从反面接合
从前面开始钩织
折线
重叠侧边的针目挑针
折线
重叠侧边的针目挑针
钩织起点
锁针（97针）
起针

▷ = 加线
► = 剪线

9 瓦尤族特色的马歇尔包 图片 » p.14

[材料和工具]

和麻纳卡 eco-ANDARIA 米色（23）126g（4团），黑色（30）103g（3团）
钩针6/0号

[成品尺寸]

包口周长78cm，深22.5cm（不含提手）

[编织密度]

10cm×10cm面积内：加密短针配色花样20针，21.5行

[编织要点]

●底部环形起针，参照图示一边加针一边按加密短针配色花样（参照p.42）钩织20行。接着侧面一边加针一边钩织48行（除侧面的第42~48行以外，全部包住渡线钩织）。

●提手钩织6针锁针起针，参照图示钩织59行短针。接着在周围钩织1行边缘。正面朝外对折，在指定位置（♥）2层针目里一起挑针做引拔连接。最后将提手缝在侧面指定位置的外侧。

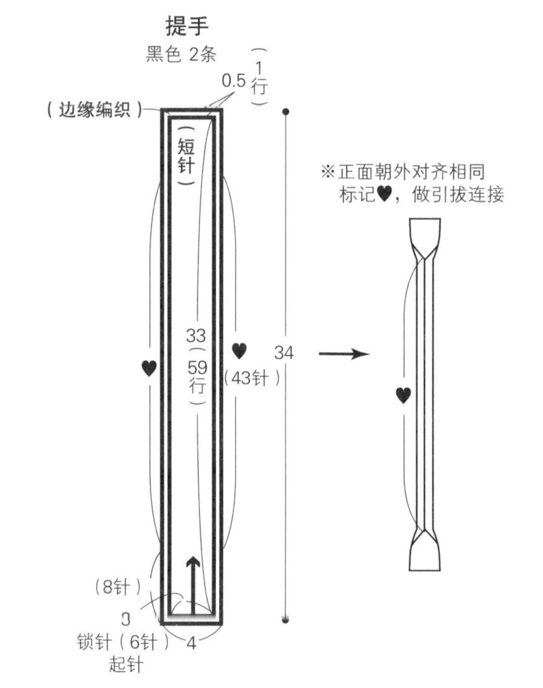
提手
黑色 2条
0.5
1行
（边缘编织）
（短针）
33（59行）
（43针）
34
（8针）
3
4
锁针（6针）起针
※正面朝外对齐相同标记♥，做引拔连接

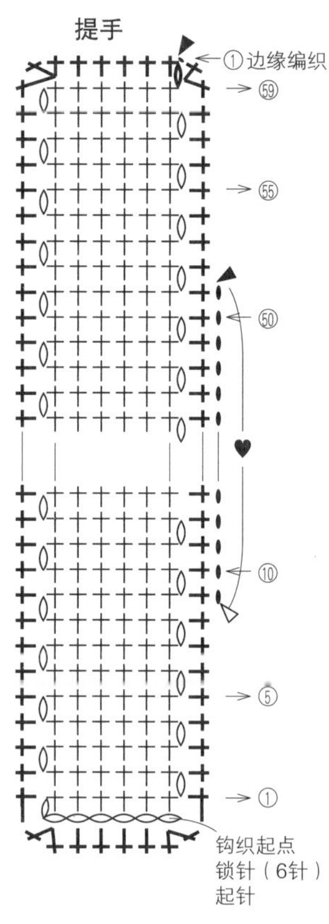
提手
①边缘编织
59
55
50
10
5
1
钩织起点
锁针（6针）起针

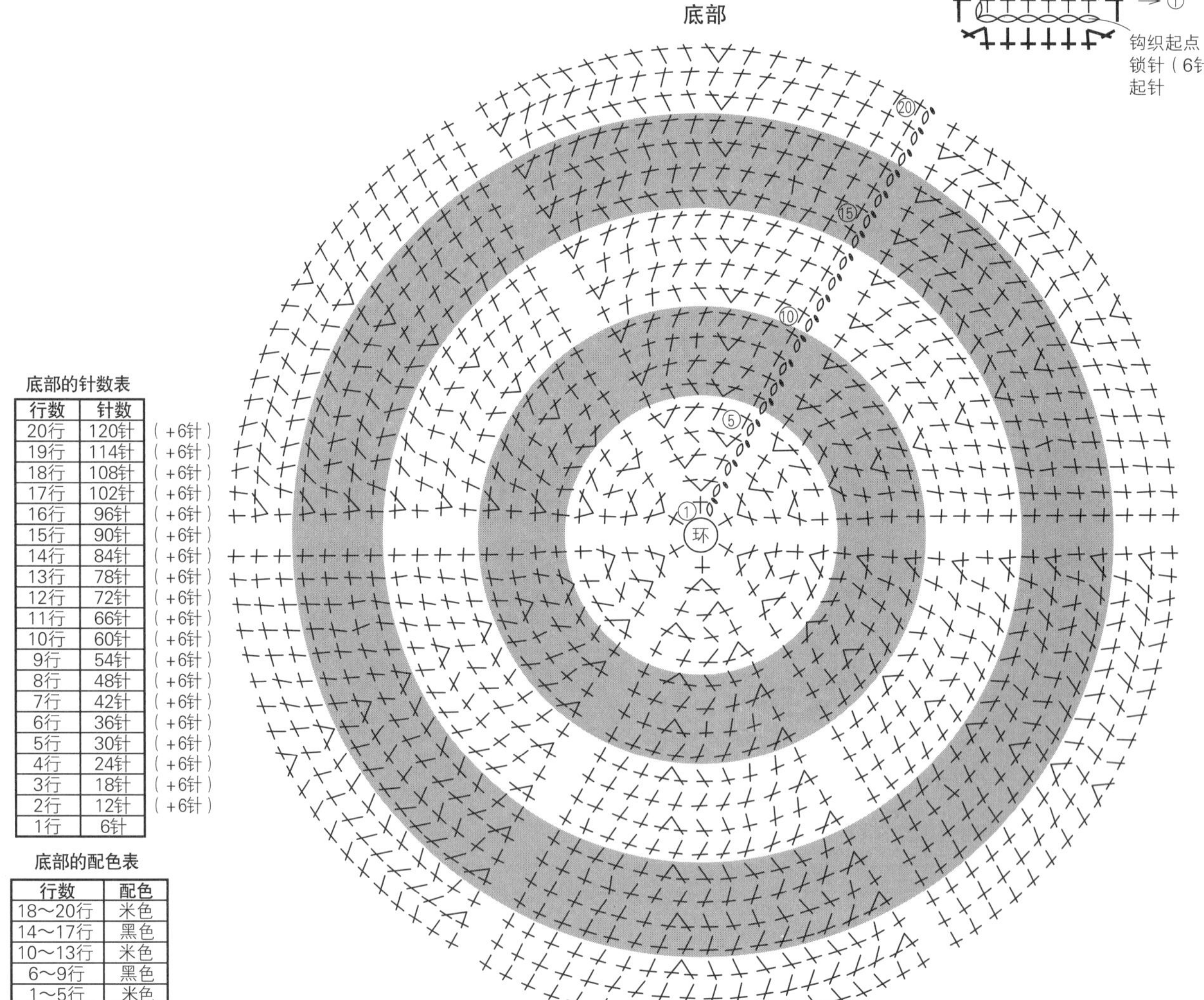
底部
20
15
10
5
1
环

底部的针数表

行数	针数	
20行	120针	（+6针）
19行	114针	（+6针）
18行	108针	（+6针）
17行	102针	（+6针）
16行	96针	（+6针）
15行	90针	（+6针）
14行	84针	（+6针）
13行	78针	（+6针）
12行	72针	（+6针）
11行	66针	（+6针）
10行	60针	（+6针）
9行	54针	（+6针）
8行	48针	（+6针）
7行	42针	（+6针）
6行	36针	（+6针）
5行	30针	（+6针）
4行	24针	（+6针）
3行	18针	（+6针）
2行	12针	（+6针）
1行	6针	

底部的配色表

行数	配色
18～20行	米色
14～17行	黑色
10～13行	米色
6～9行	黑色
1～5行	米色

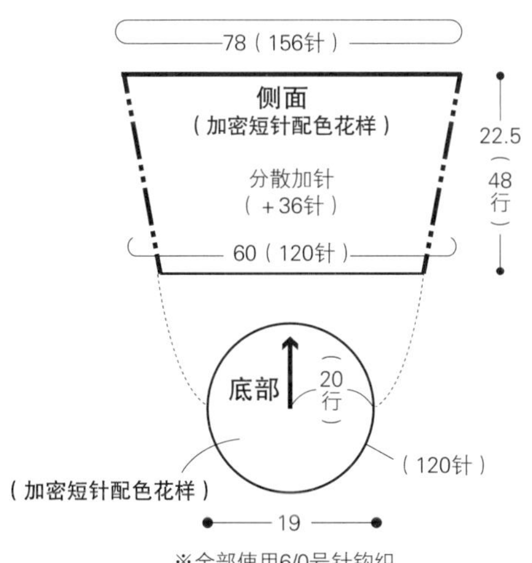
78（156针）
侧面
（加密短针配色花样）
分散加针
（+36针）
60（120针）
22.5
（48行）
底部
20行
（120针）
（加密短针配色花样）
19

※全部使用6/0号针钩织

※第1行钩织短针

※侧面的第42~48行无须包住渡线钩织。除此之外都要包住渡线钩织

组合方法

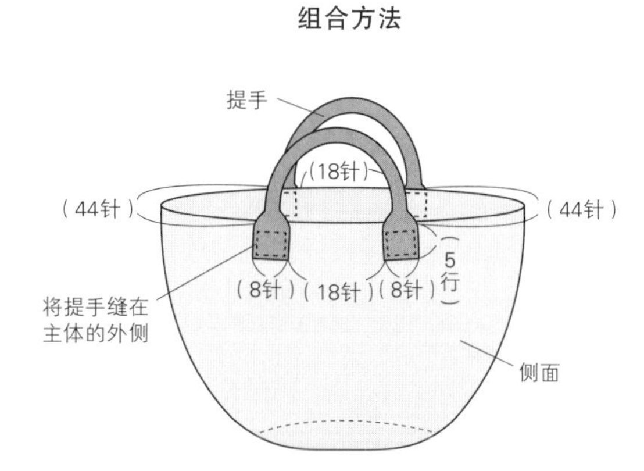
提手
（18针）
（44针）
（44针）
5行
（8针）（18针）（8针）
将提手缝在主体的外侧
侧面

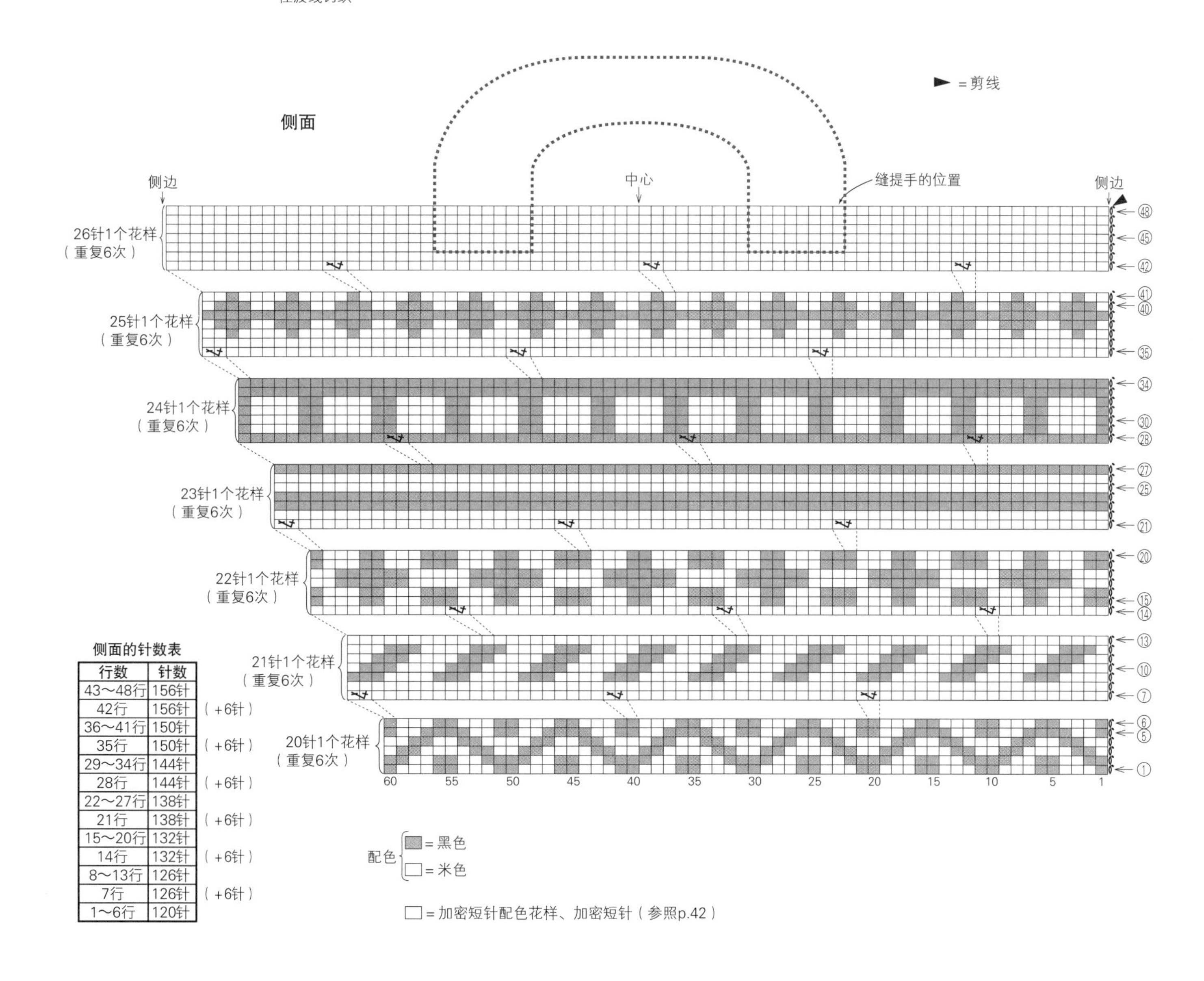
▶ = 剪线
侧面
侧边
中心
缝提手的位置
侧边
26针1个花样（重复6次）
25针1个花样（重复6次）
24针1个花样（重复6次）
23针1个花样（重复6次）
22针1个花样（重复6次）
21针1个花样（重复6次）
20针1个花样（重复6次）
60 55 50 45 40 35 30 25 20 15 10 5 1
配色 ■ = 黑色 □ = 米色
□ = 加密短针配色花样、加密短针（参照p.42）

侧面的针数表

行数	针数	
43～48行	156针	
42行	156针	（+6针）
36～41行	150针	
35行	150针	（+6针）
29～34行	144针	
28行	144针	（+6针）
22～27行	138针	
21行	138针	（+6针）
15～20行	132针	
14行	132针	（+6针）
8～13行	126针	
7行	126针	（+6针）
1～6行	120针	

10 瓦尤族特色的束口单肩包 图片 » p.15

［材料和工具］

和麻纳卡 eco-ANDARIA 钴蓝色（901）88g（3团），绿色（17）53g（2团），复古蓝色（66）45g（2团），橘红色（164）38g（1团），薄荷绿色（902）34g（1团），米白色（168）15g（1团）
钩针6/0号

［成品尺寸］

包口周长78cm，深23cm（不含肩带）

［编织密度］

10cm×10cm面积内：加密短针配色花样20针，21.5行

［编织要点］

●底部环形起针，参照图示一边加针一边按加密短针配色花样（参照p.42）钩织20行。接着侧面一边加针一边钩织47行（除侧面的第42~47行以外，全部包住渡线钩织）。

●肩带钩织8针锁针起针，参照图示钩织177行短针。接着在周围钩织1行边缘。将肩带缝在侧面外侧的指定位置。

●抽绳钩织罗纹绳，穿入侧面的第44行。参照图示制作穗子，缝在抽绳的两端。

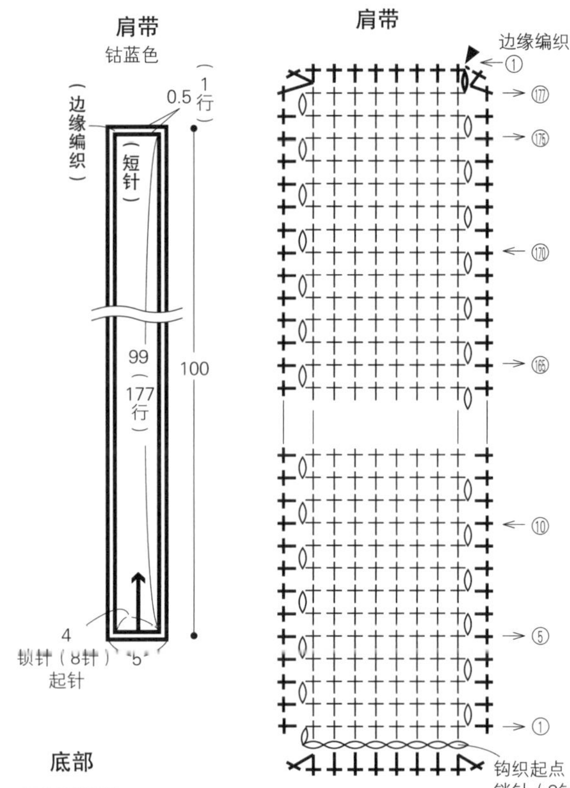
肩带
钴蓝色
（边缘编织）
0.5
（1行）
（短针）
99
（177行）
100
4
锁针（8针）起针
5
肩带
边缘编织
1
177
175
170
165
10
5
1
钩织起点
锁针（8针）
起针

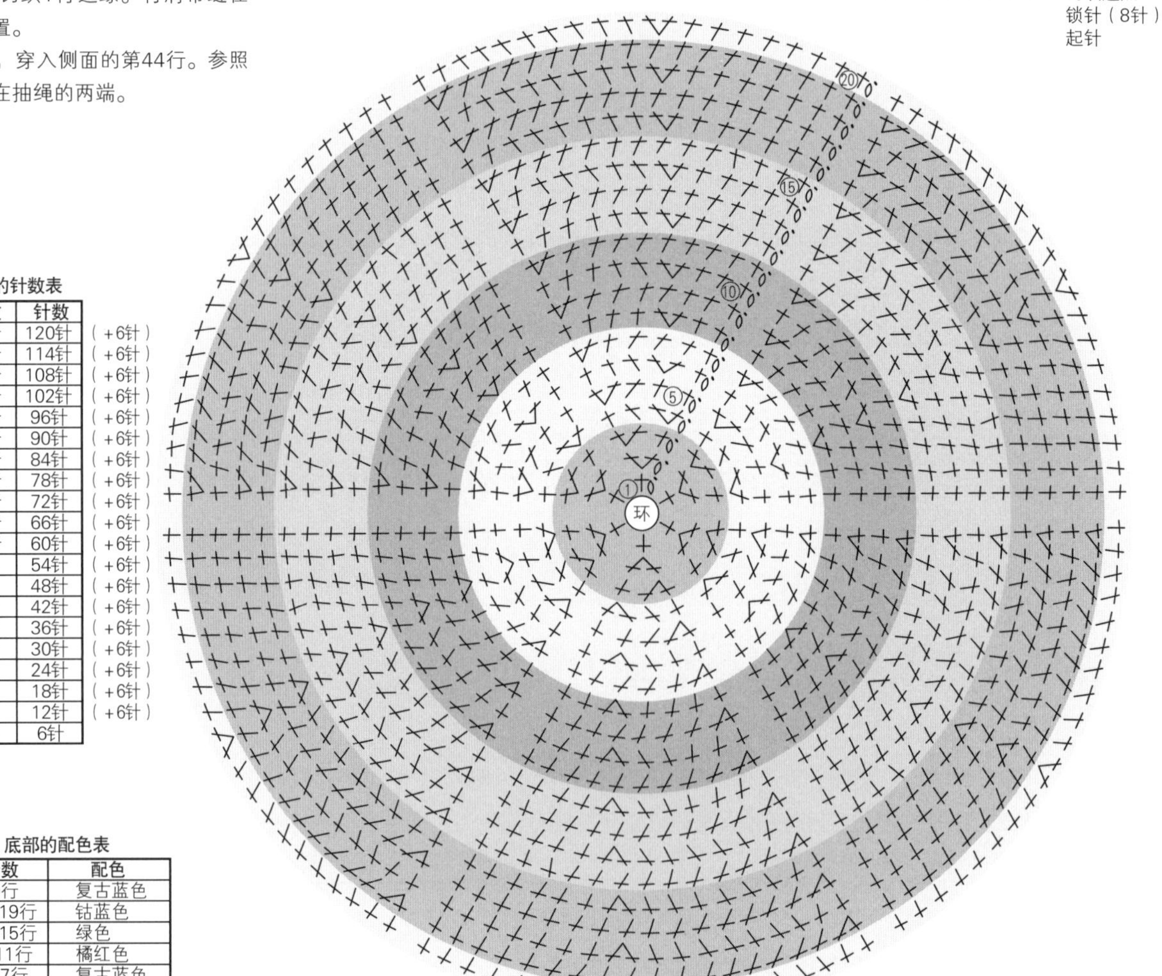
底部
20
15
10
5
1
环

底部的针数表

行数	针数	
20行	120针	（+6针）
19行	114针	（+6针）
18行	108针	（+6针）
17行	102针	（+6针）
16行	96针	（+6针）
15行	90针	（+6针）
14行	84针	（+6针）
13行	78针	（+6针）
12行	72针	（+6针）
11行	66针	（+6针）
10行	60针	（+6针）
9行	54针	（+6针）
8行	48针	（+6针）
7行	42针	（+6针）
6行	36针	（+6针）
5行	30针	（+6针）
4行	24针	（+6针）
3行	18针	（+6针）
2行	12针	（+6针）
1行	6针	

底部的配色表

行数	配色
20行	复古蓝色
16~19行	钴蓝色
12~15行	绿色
8~11行	橘红色
4~7行	复古蓝色
1~3行	钴蓝色

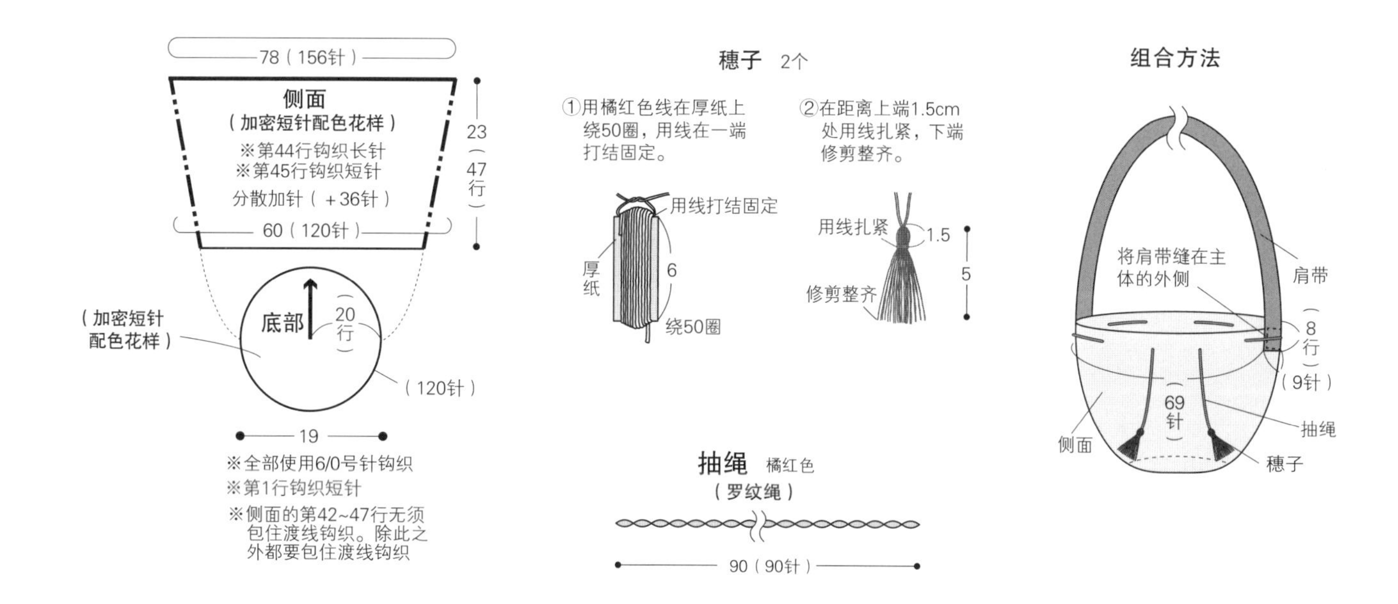

78（156针）
侧面
（加密短针配色花样）
※第44行钩织长针
※第45行钩织短针
分散加针（+36针）
60（120针）
23（47行）
底部
20行
（加密短针配色花样）
（120针）
19
※全部使用6/0号针钩织
※第1行钩织短针
※侧面的第42~47行无须包住渡线钩织。除此之外都要包住渡线钩织
穗子 2个
①用橘红色线在厚纸上绕50圈，用线在一端打结固定。
用线打结固定
厚纸
6
绕50圈
②在距离上端1.5cm处用线扎紧，下端修剪整齐。
用线扎紧
1.5
5
修剪整齐
抽绳 橘红色
（罗纹绳）
90（90针）
组合方法
将肩带缝在主体的外侧
肩带
8行
（9针）
69针
抽绳
侧面
穗子

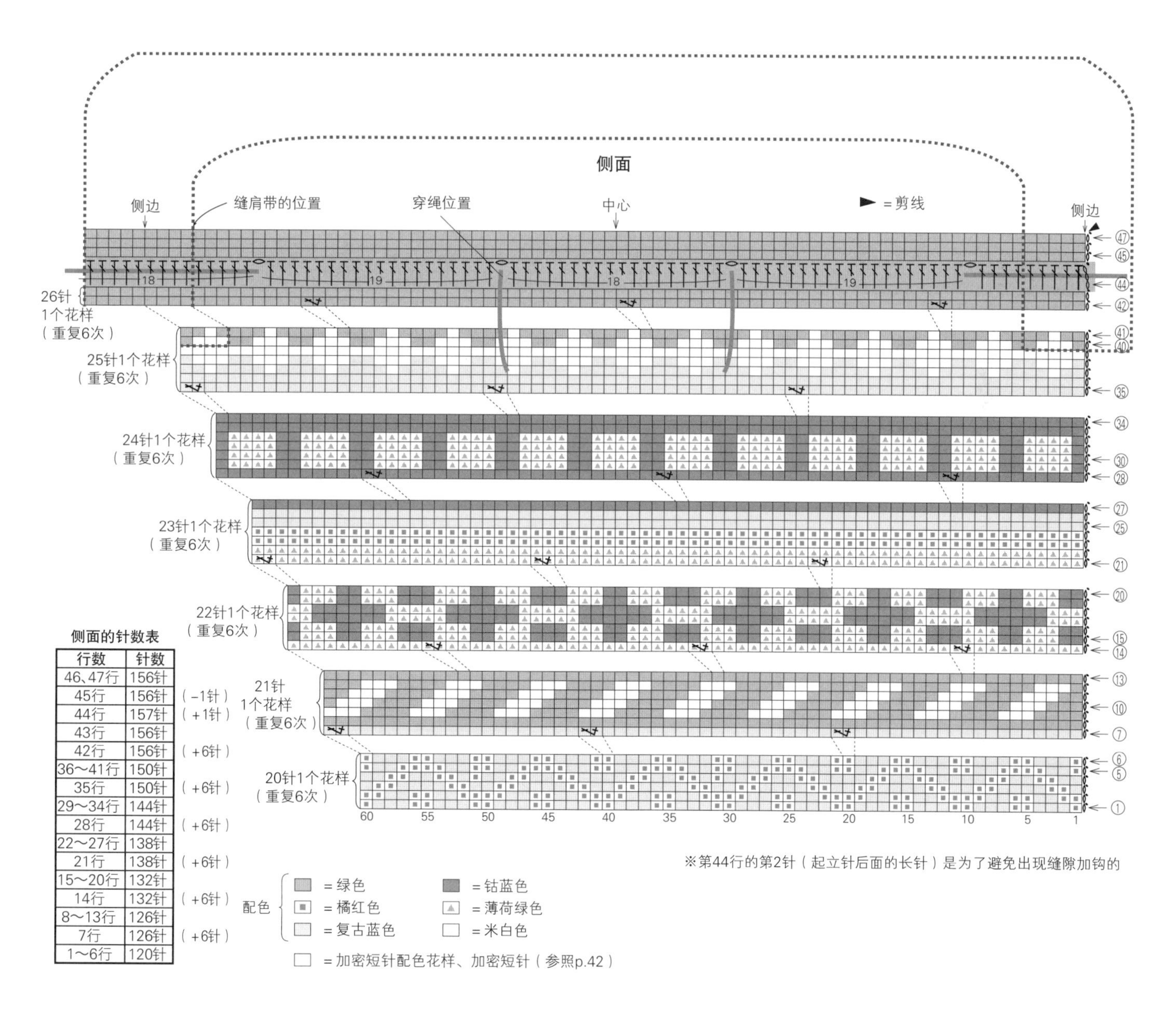

侧面
侧边
缝肩带的位置
穿绳位置
中心
▶ =剪线
侧边
18
19
18
19
26针1个花样（重复6次）
25针1个花样（重复6次）
24针1个花样（重复6次）
23针1个花样（重复6次）
22针1个花样（重复6次）
21针1个花样（重复6次）
20针1个花样（重复6次）
47
45
44
42
41
40
35
34
30
28
27
25
21
20
15
14
13
10
7
6
5
1
60
55
50
45
40
35
30
25
20
15
10
5
1
※第44行的第2针（起立针后面的长针）是为了避免出现缝隙加钩的

侧面的针数表

行数	针数	
46、47行	156针	
45行	156针	（-1针）
44行	157针	（+1针）
43行	156针	
42行	156针	（+6针）
36～41行	150针	
35行	150针	（+6针）
29～34行	144针	
28行	144针	（+6针）
22～27行	138针	
21行	138针	（+6针）
15～20行	132针	
14行	132针	（+6针）
8～13行	126针	
7行	126针	（+6针）
1～6行	120针	

配色
- =绿色
- =钴蓝色
- =橘红色
- =薄荷绿色
- =复古蓝色
- =米白色

□ =加密短针配色花样、加密短针（参照p.42）

11 零钱包 图片 » p.17

[材料和工具]

和麻纳卡 eco-ANDARIA 橘红色（164）29g（1团）
四合扣 1组
钩针5/0号

[成品尺寸]

底部9cm×9cm，深4.5cm

[编织密度]

10cm×10cm面积内：短针19针，21.5行

[编织要点]

●包盖环形起针，一边在转角加针一边钩织9行。锁针起针钩织扣带。

●主体的底部与包盖一样环形起针，一边在转角加针一边钩织8行。接着侧面无须加减针钩织10行。

●捏住侧面第10行转角针目的头部缝合固定。然后参照图示翻折，用力压出折痕。在主体侧面第1行针目的头部以及底部第8行针目的头部（2层针目里）挑针，钩织1行短针。

●将主体与包盖正面朝外对齐，在指定位置做引拔连接。用斜针缝的方法在指定位置缝上扣带。最后安装四合扣。

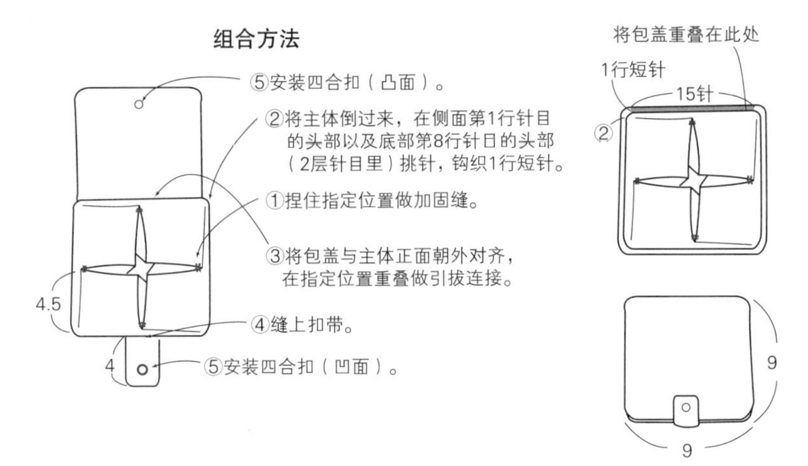

组合方法
⑤安装四合扣（凸面）。
②将主体倒过来，在侧面第1行针目的头部以及底部第8行针目的头部（2层针目里）挑针，钩织1行短针。
①捏住指定位置做加固缝。
③将包盖与主体正面朝外对齐，在指定位置重叠做引拔连接。
④缝上扣带。
⑤安装四合扣（凹面）。
4.5
4
将包盖重叠在此处
1行短针
15针
②
9
9

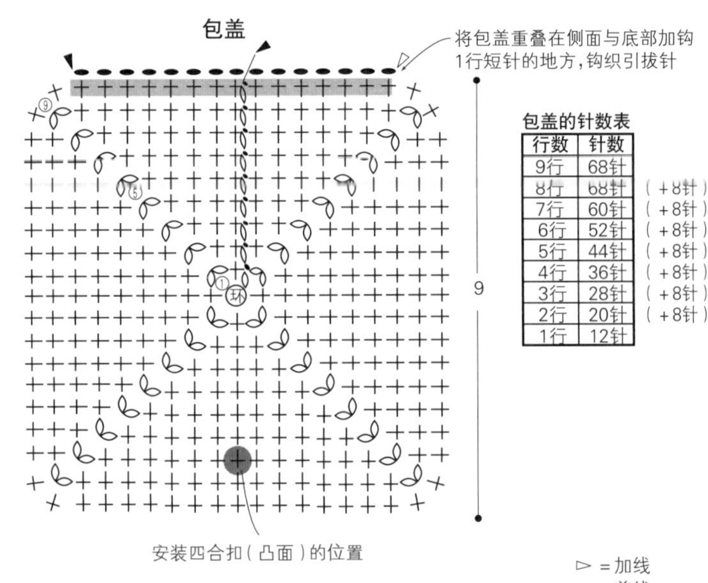

包盖
将包盖重叠在侧面与底部加钩1行短针的地方，钩织引拔针
9
⑨
⑤
①
环
安装四合扣（凸面）的位置
▷＝加线
▶＝剪线

包盖的针数表

行数	针数	
9行	68针	
8行	68针	（+8针）
7行	60针	（+8针）
6行	52针	（+8针）
5行	44针	（+8针）
4行	36针	（+8针）
3行	28针	（+8针）
2行	20针	（+8针）
1行	12针	

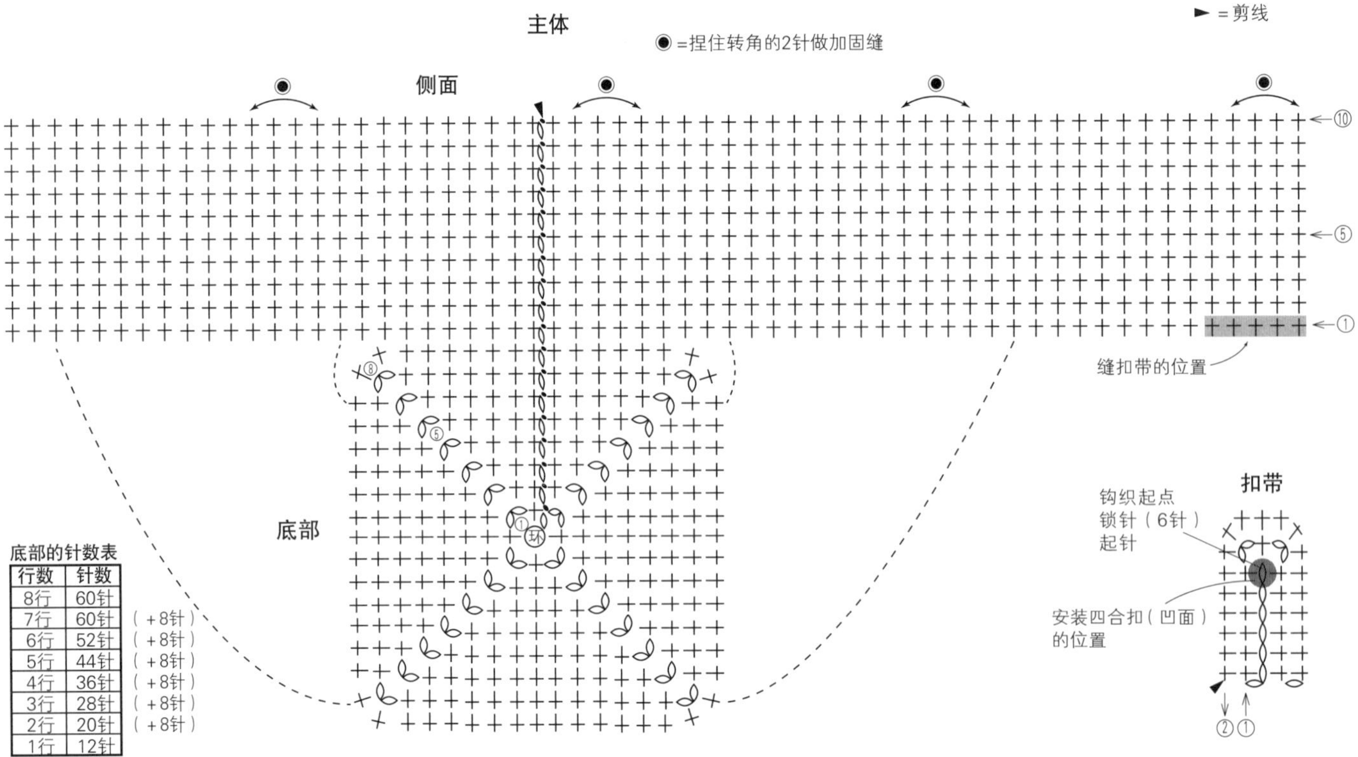

主体
◉＝捏住转角的2针做加固缝
侧面
⑩
⑤
①
缝扣带的位置
⑧
⑤
①
环
底部
扣带
钩织起点
锁针（6针）起针
安装四合扣（凹面）的位置
②①

底部的针数表

行数	针数	
8行	60针	
7行	60针	（+8针）
6行	52针	（+8针）
5行	44针	（+8针）
4行	36针	（+8针）
3行	28针	（+8针）
2行	20针	（+8针）
1行	12针	

6 枣形针的豆豆束口袋 图片 » p.11

[材料和工具]

芭贝 Leafy 红色（764）149g（4团）
直径12mm的木珠 2颗
钩针5/0号

[成品尺寸]

宽37cm，深38cm（不含提手）

[编织密度]

10cm × 10cm面积内：编织花样18.5针，11.5行

[编织要点]

●见p.74。

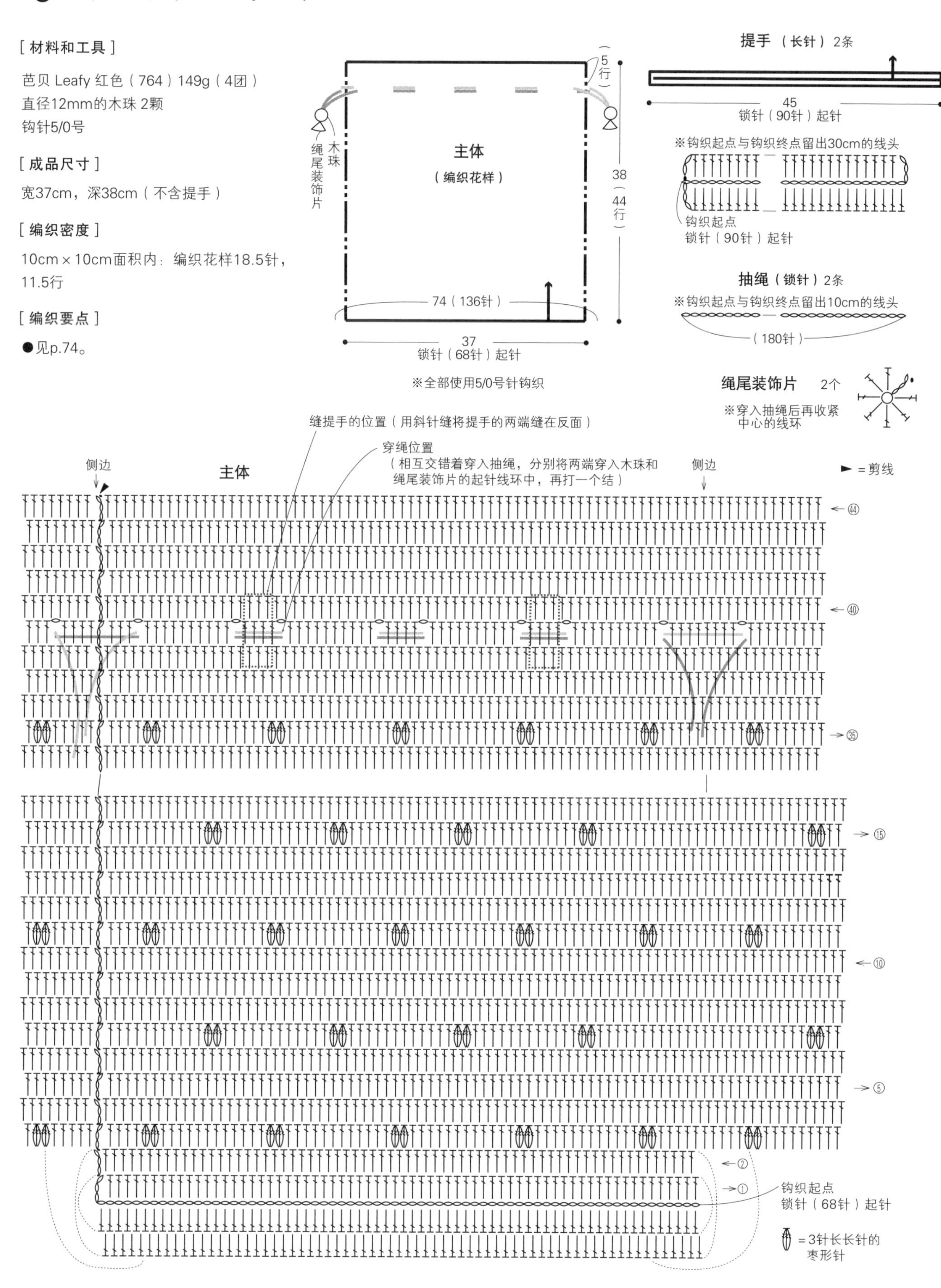

主体
（编织花样）
5行
木珠
绳尾装饰片
38（44行）
74（136针）
37
锁针（68针）起针
※全部使用5/0号针钩织
提手（长针）2条
45
锁针（90针）起针
※钩织起点与钩织终点留出30cm的线头
钩织起点
锁针（90针）起针
抽绳（锁针）2条
※钩织起点与钩织终点留出10cm的线头
（180针）
绳尾装饰片 2个
※穿入抽绳后再收紧中心的线环
缝提手的位置（用斜针缝将提手的两端缝在反面）
穿绳位置
（相互交错着穿入抽绳，分别将两端穿入木珠和绳尾装饰片的起针线环中，再打一个结）
侧边
主体
侧边
= 剪线
㊹
㊵
㉟
⑮
⑩
⑤
②
①
钩织起点
锁针（68针）起针
= 3针长长针的枣形针

14 可变造型的两用包 图片 » p.19

［材料和工具］

MARCHEN ART Manila hemp yarn 晕染系列 黄褐色（542）100g（5团）
直径8cm的塑料环（MARCHEN ART MA2152）1组，直径18mm的木纽扣 3颗
钩针6/0号

［成品尺寸］

参照图示，周长80cm，深22cm（不含提手）

［编织密度］

10cm×10cm面积内：短针16针，20.5行（主体①、②）

［编织要点］

●按主体①、主体②、侧边的顺序钩织。主体①在塑料环上钩织54针短针后连接成环形，从第2行开始一边加针一边往返钩织25行。主体②的钩织方法与主体①一样，结束时接着钩织侧边（参照p.43）。侧边参照图示，一边钩织一边在主体①、②上做引拔连接。注意引拔针都是看着正面钩织。
●钩织纽襻，缝在指定位置。
●肩带参照图示钩织1条。钩织3颗包扣，分别缝在肩带和侧边上。
●用作单肩包时，将肩带穿入主体的塑料环中扣上纽扣。

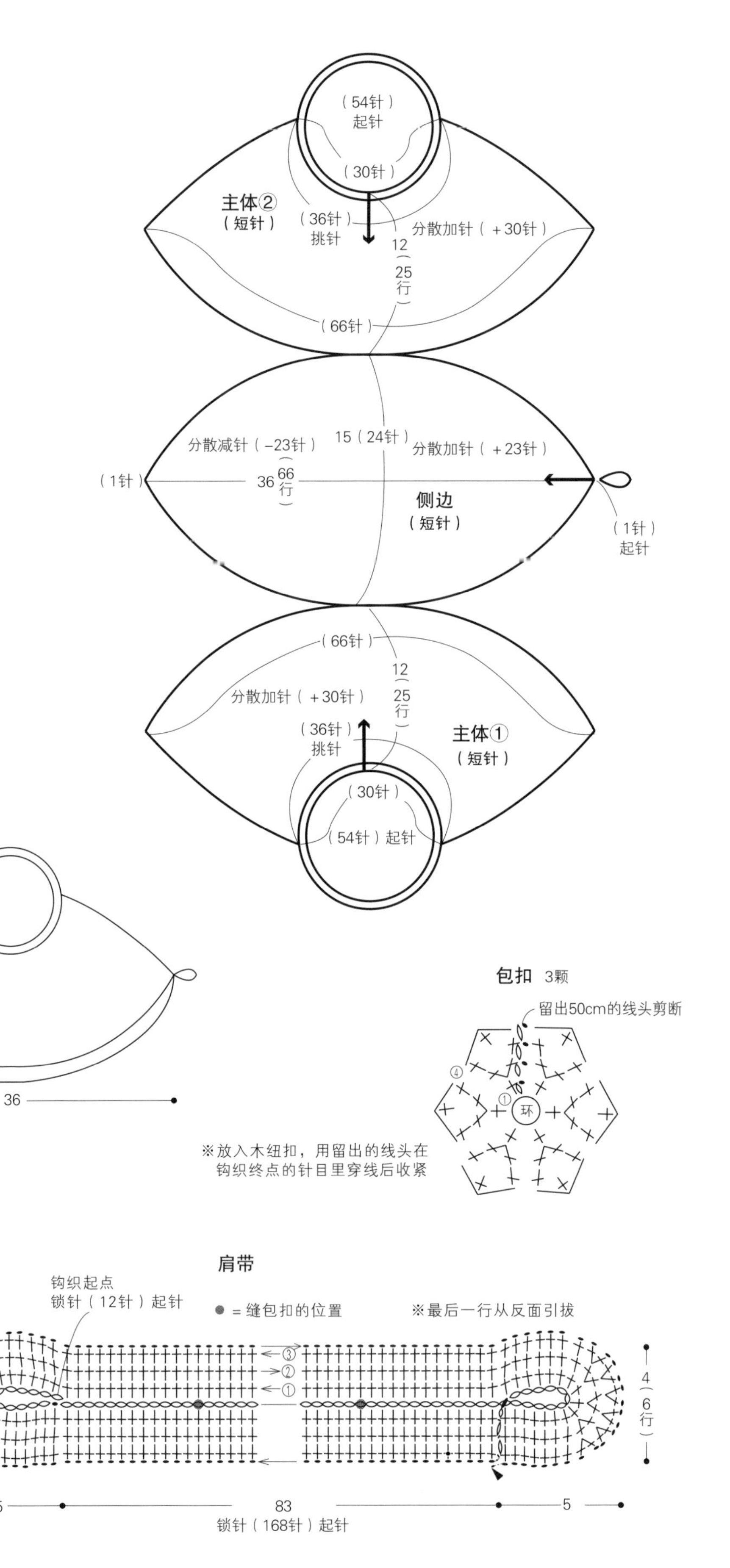

（54针）起针
（30针）
主体②（短针）
（36针）挑针
分散加针（+30针）
12（25行）
（66针）
分散减针（-23针）
15（24针）
分散加针（+23针）
（1针）
36 66行
侧边（短针）
（1针）起针
（66针）
12（25行）
分散加针（+30针）
（36针）挑针
主体①（短针）
（30针）
（54针）起针
36
包扣 3颗
留出50cm的线头剪断
④
①
环
※放入木纽扣，用留出的线头在钩织终点的针目里穿线后收紧
肩带
钩织起点
锁针（12针）起针
● =缝包扣的位置
※最后一行从反面引拔
③
②
①
4（6行）
5
83
5
锁针（168针）起针

组合方法

将肩带穿入塑料环中，扣上纽扣

15
8
25

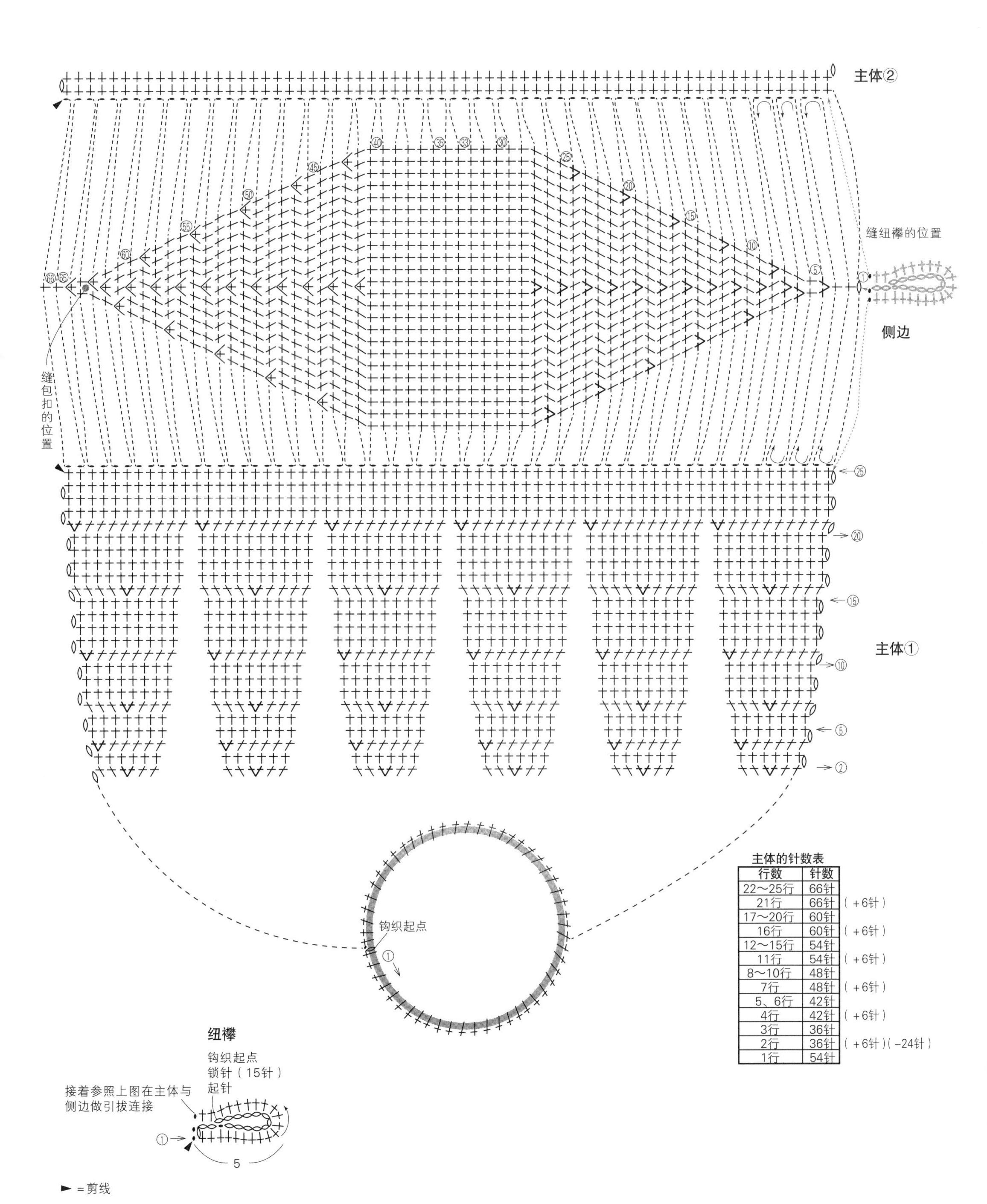

主体②
缝纽襻的位置
侧边
缝包扣的位置
主体①
钩织起点
纽襻
钩织起点
锁针（15针）
起针
接着参照上图在主体与侧边做引拔连接
► =剪线

主体的针数表

行数	针数	
22～25行	66针	
21行	66针	（+6针）
17～20行	60针	
16行	60针	（+6针）
12～15行	54针	
11行	54针	（+6针）
8～10行	48针	
7行	48针	（+6针）
5、6行	42针	
4行	42针	（+6针）
3行	36针	
2行	36针	（+6针）(−24针）
1行	54针	

15 斑马纹斜挎包 图片 » p.20

［材料和工具］

MARCHEN ART Manila hemp yarn 白色（500）37g（2团），黑色（510）31g（2团）
钩针6/0号

［成品尺寸］

宽18cm，深20.5cm（不含细绳）

［编织密度］

10cm×10cm面积内：短针配色花样19针，17行

［编织要点］

●主体钩织68针锁针起针后连接成环形，参照图示按短针配色花样（包住横向渡线）钩织35行。
●细绳钩织220针锁针起针，在锁针的里山挑针钩织短针。将细绳缝在主体的指定位置（侧边）。
●底部将主体正面朝外在2层针目里挑针做引拔接合。

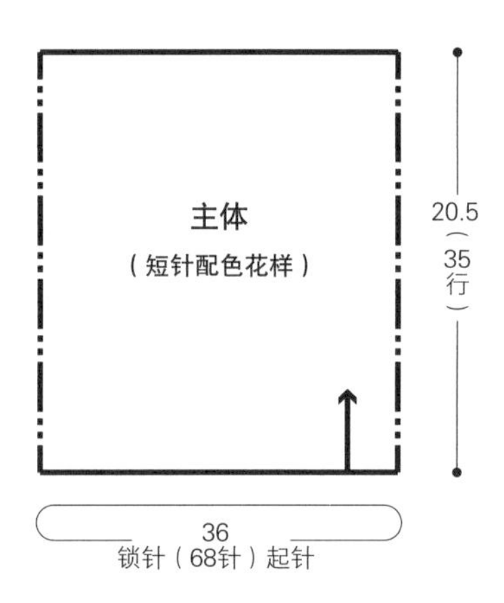

主体
（短针配色花样）
20.5
（35行）
36
锁针（68针）起针

※全部使用6/0号针钩织

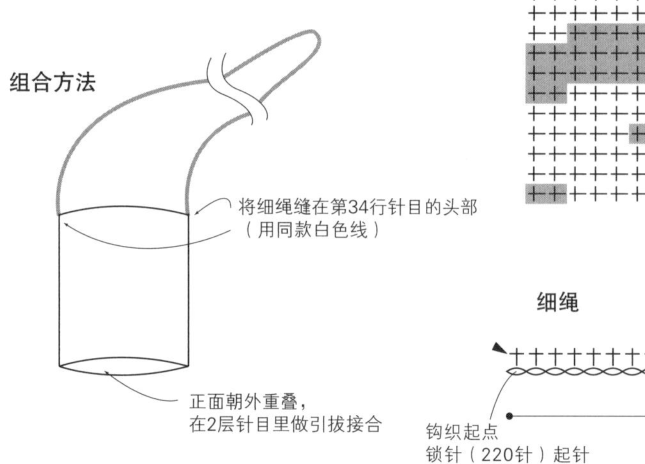

组合方法
将细绳缝在第34行针目的头部
（用同款白色线）
正面朝外重叠，
在2层针目里做引拔接合

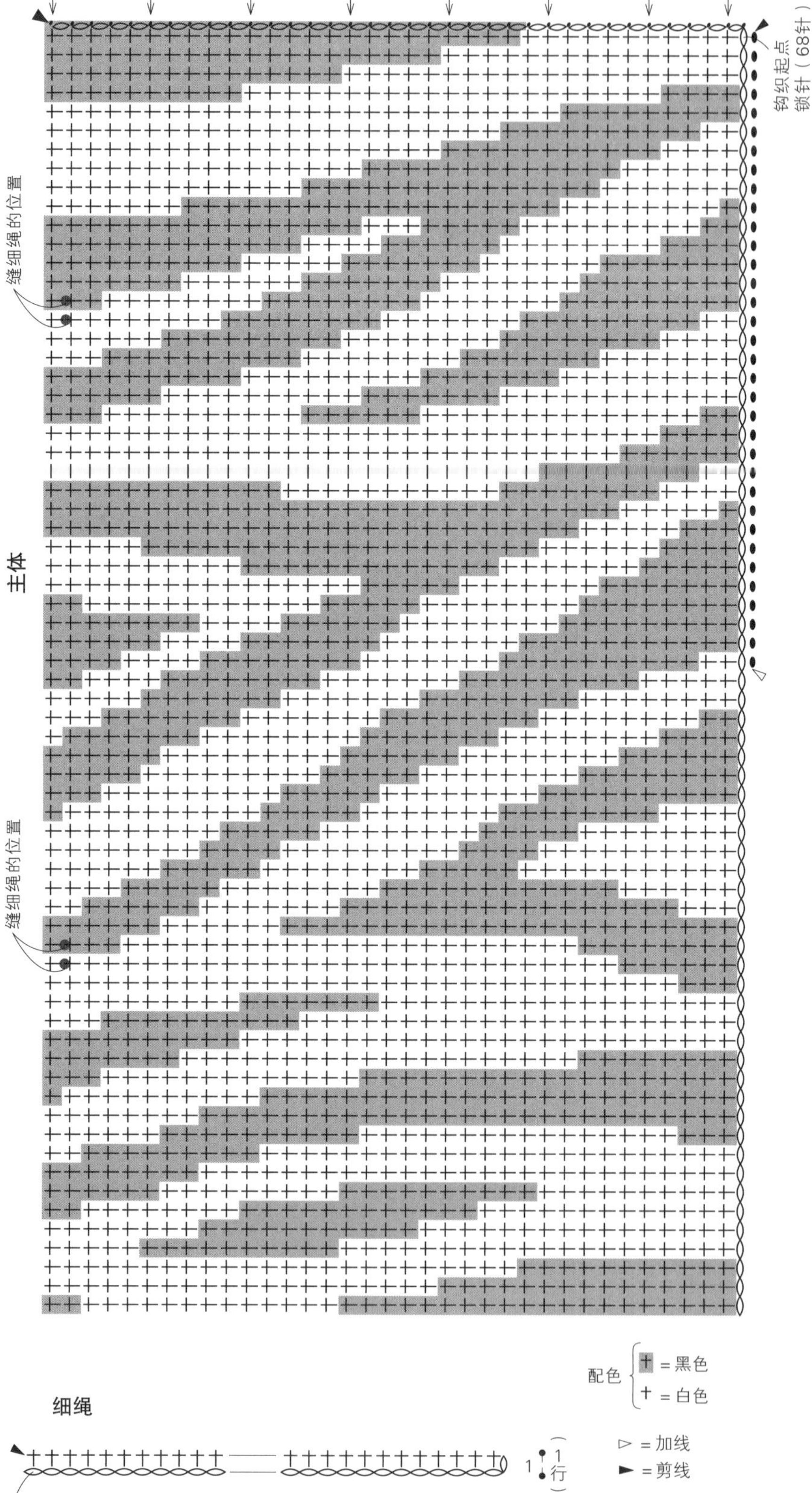

35
30
25
20
15
10
5
1
钩织起点
锁针（68针）起针
缝细绳的位置
主体
缝细绳的位置
配色
＝黑色
＝白色
▷＝加线
►＝剪线
细绳
1（1行）
120（220针）
钩织起点
锁针（220针）起针

16 流苏斜挎包 图片 » p.21

[材料和工具]

MARCHEN ART Manila hemp lace 黄褐色（908）68g（4团）
钩针6/0号

[成品尺寸]

宽18cm，深20.5cm（不含细绳）

[编织密度]

10cm×10cm面积内：编织花样A、B均为17.5针，16.5行（3根线）

[编织要点]

●全部使用3根线合股钩织。
●主体（后片）钩织30针锁针起针，参照图示按编织花样B钩织33行。主体（前片）钩织30针锁针起针，参照p.44和图示按编织花样A钩织33行。将主体（前片）与主体（后片）正面朝外重叠，一边钩织边缘一边做连接。
●细绳是在指定位置加线钩织罗纹绳，将钩织终点缝在主体上。

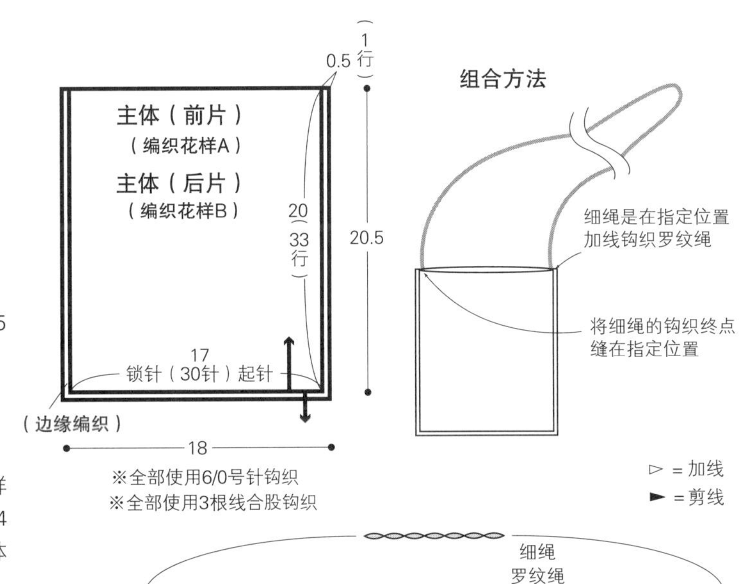
主体（前片）
（编织花样A）
主体（后片）
（编织花样B）
0.5（1行）
20（33行）
20.5
17
锁针（30针）起针
（边缘编织）
18
※全部使用6/0号针钩织
※全部使用3根线合股钩织
组合方法
细绳是在指定位置加线钩织罗纹绳
将细绳的钩织终点缝在指定位置
▷ = 加线
► = 剪线

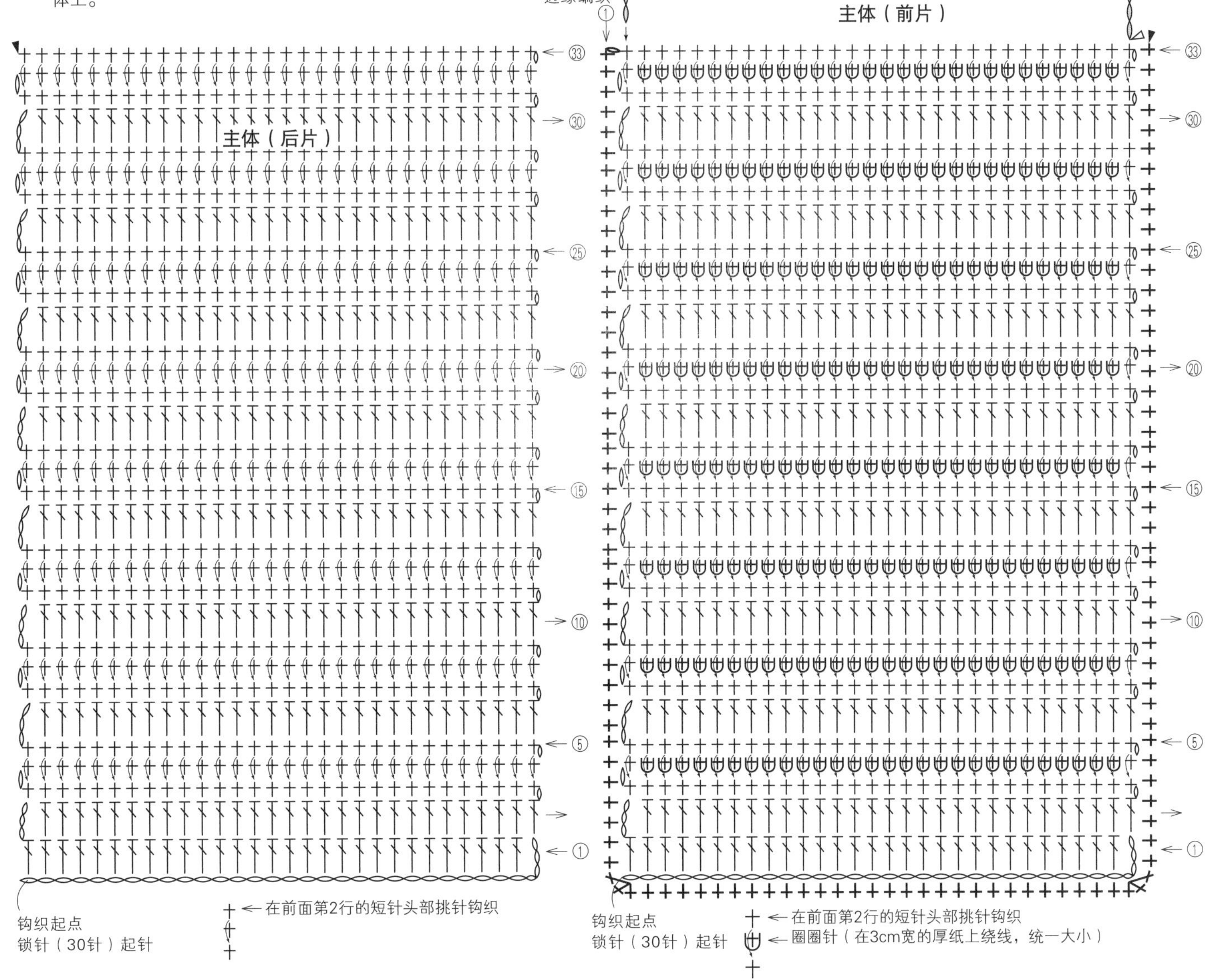
细绳
罗纹绳
117（238针）
边缘编织
主体（前片）
主体（后片）
钩织起点
锁针（30针）起针
在前面第2行的短针头部挑针钩织
圈圈针（在3cm宽的厚纸上绕线，统一大小）

17 前置口袋的托特包 图片 » p.22

[材料和工具]

达摩手编线 SASAWASHI 深灰绿色（6）306g（13团）
直径8.5mm、脚钉长8mm的铆钉（角田商店E53）8组，直径5mm的PP绳（麦秆色）70cm×2条
钩针6/0号

[成品尺寸]

宽29cm，侧边12cm，深27.5cm（不含提手）

[编织密度]

10cm×10cm面积内：短针16针，17行

[编织要点]

●口袋锁针起针后，参照图示一边在两端加针一边钩织短针。
●将口袋沿着内折线和外折线翻折，捏住2针重叠着钩织引拔针（参照p.45）。注意外折时从正面钩织，内折时从反面钩织。
●主体锁针起针后，参照图示一边加针一边钩织。钩织2片相同的织物，结束时将线放置一边暂停钩织。将口袋重叠在主体的前片，从正面在中心钩织引拔针固定。
●侧边锁针起针后，无须加减针钩织短针。
●将主体与侧边正面朝外对齐，用主体暂停钩织的线做短针接合。前片连同口袋一起，在3层针目里挑针钩织短针。
●参照图示钩织提手，用提手的织物包住PP绳，并在指定位置安装铆钉，再用斜针缝将提手缝在主体上。

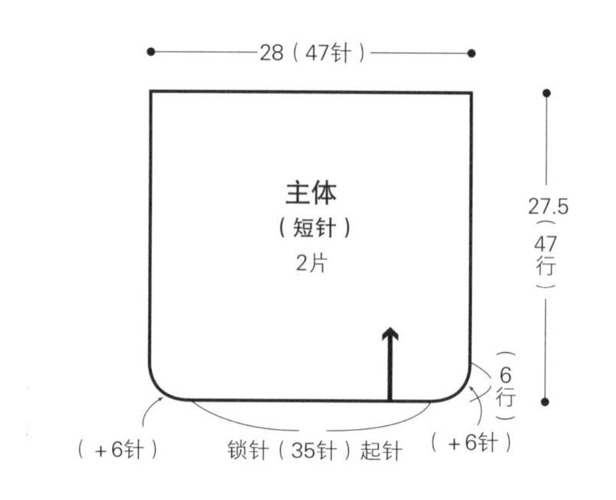
28（47针）
主体
（短针）
2片
27.5
47行
6行
（+6针）
锁针（35针）起针
（+6针）

※全部使用6/0号针钩织

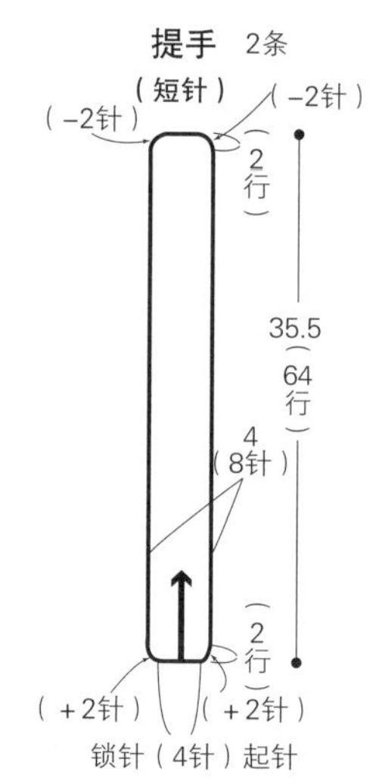
提手 2条
（短针）
（−2针）
（−2针）
2行
35.5
64行
4
（8针）
2行
（+2针）
（+2针）
锁针（4针）起针

口袋 （短针）

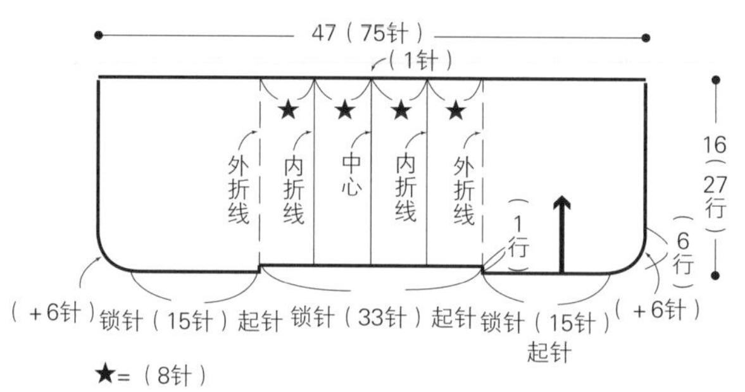
47（75针）
（1针）
外折线
内折线
中心
内折线
外折线
1行
16
27行
6行
（+6针）
锁针（15针）起针
锁针（33针）起针
锁针（15针）起针
（+6针）
★=（8针）

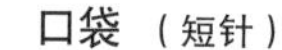
※外折位置从正面、内折位置从反面钩织引拔针

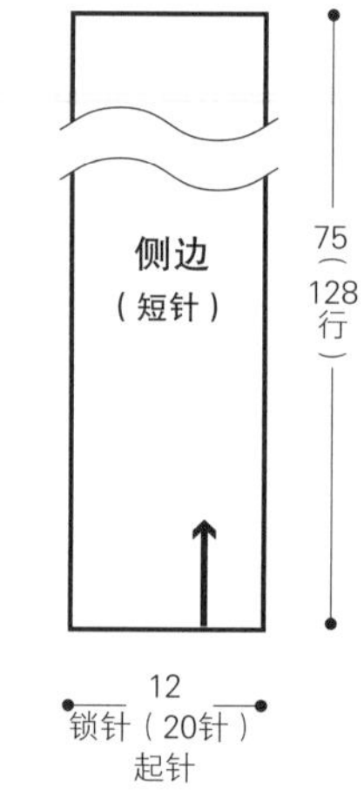
侧边
（短针）
75
128行
12
锁针（20针）起针

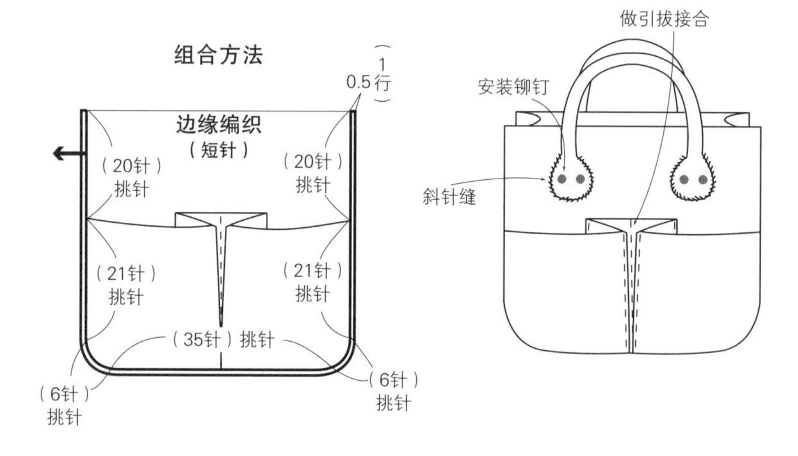
组合方法
1
0.5行
边缘编织
（短针）
（20针）挑针
（20针）挑针
（21针）挑针
（21针）挑针
（35针）挑针
（6针）挑针
（6针）挑针
做引拔接合
安装铆钉
斜针缝

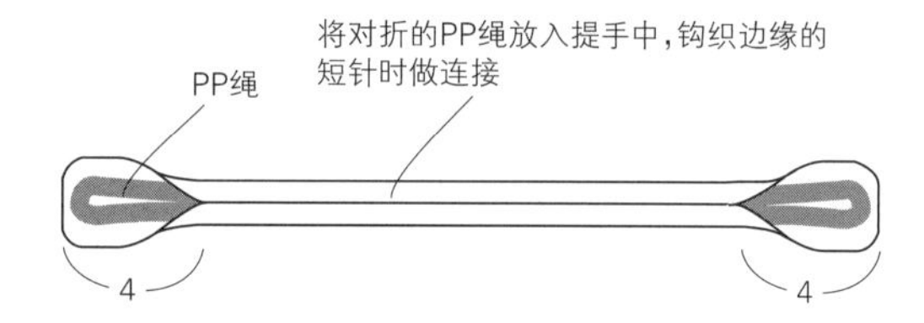
PP绳
将对折的PP绳放入提手中，钩织边缘的短针时做连接
4
4

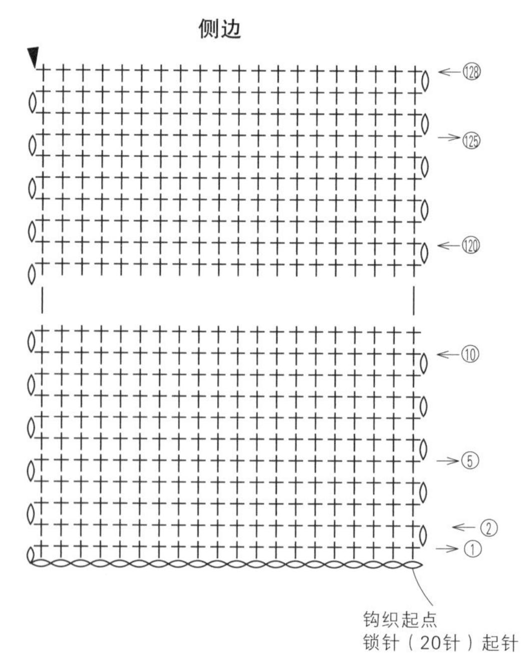
侧边
128
125
120
10
5
2
1
钩织起点
锁针（20针）起针

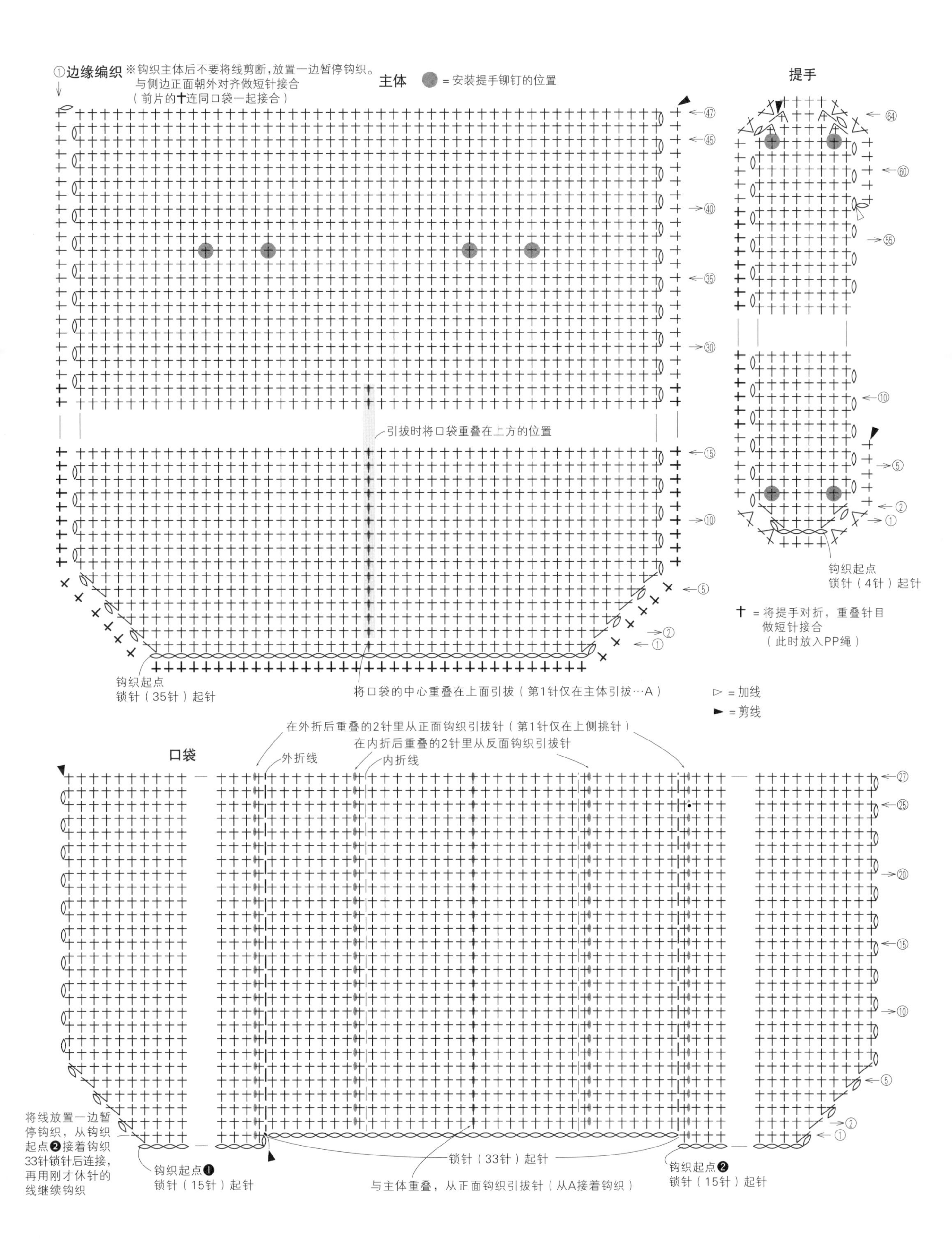

①边缘编织 ※钩织主体后不要将线剪断，放置一边暂停钩织。
与侧边正面朝外对齐做短针接合
（前片的十连同口袋一起接合）
主体
= 安装提手铆钉的位置
提手
引拔时将口袋重叠在上方的位置
钩织起点
锁针（35针）起针
将口袋的中心重叠在上面引拔（第1针仅在主体引拔…A）
钩织起点
锁针（4针）起针
十 = 将提手对折，重叠针目
做短针接合
（此时放入PP绳）
▷ = 加线
▶ = 剪线
口袋
在外折后重叠的2针里从正面钩织引拔针（第1针仅在上侧挑针）
在内折后重叠的2针里从反面钩织引拔针
外折线
内折线
将线放置一边暂停钩织，从钩织起点❷接着钩织33针锁针后连接，再用刚才休针的线继续钩织
钩织起点❶
锁针（15针）起针
锁针（33针）起针
与主体重叠，从正面钩织引拔针（从A接着钩织）
钩织起点❷
锁针（15针）起针

18 格纹手提包 图片 » p.24

[材料和工具]

芭贝 British Eroika 翠蓝色（190）223g（5团）
MARCHEN ART木制提手（MA2186 褐色 正方形）1组，
棉麻帆布（原白色）61cm×69cm
钩针7/0号

[成品尺寸]

包口周长76cm，深27cm（不含提手）

[编织密度]

10cm×10cm面积内：编织花样18.5针，9行

[编织要点]

●底部钩织31针锁针起针，参照图示一边加针一边钩织5行。接着侧面无须加减针钩织至第18行后将线剪断。在指定位置（2处）加线，往返钩织7行。

●提手安装口在指定位置加线，参照图示钩织4行。将提手安装口向外侧翻折，夹住提手，钩织引拔针装上提手（参照p.46）。

●内衬参照p.90的缝制方法制作，塞入织物的内侧缝合。

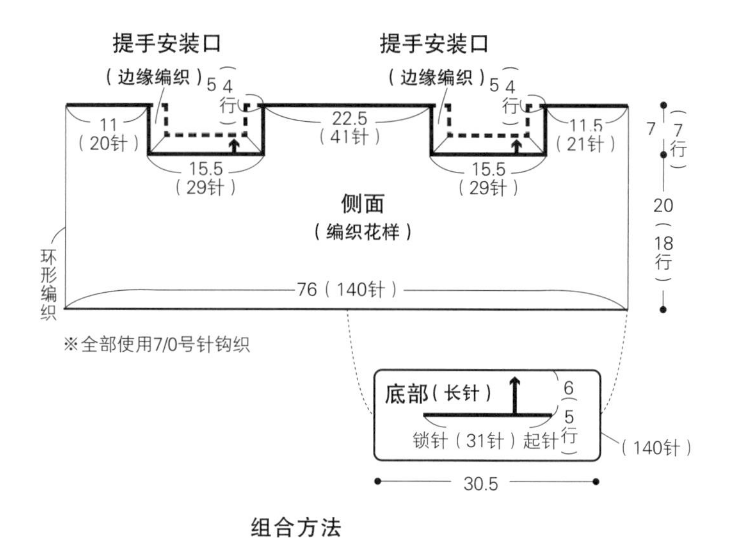

提手安装口
（边缘编织）
5
4行
提手安装口
（边缘编织）
5
4行
11
（20针）
22.5
（41针）
11.5
（21针）
15.5
（29针）
15.5
（29针）
7
7行
侧面
（编织花样）
20
18行
环形编织
76（140针）
※全部使用7/0号针钩织
底部（长针）
6
5行
锁针（31针）起针
（140针）
30.5

组合方法

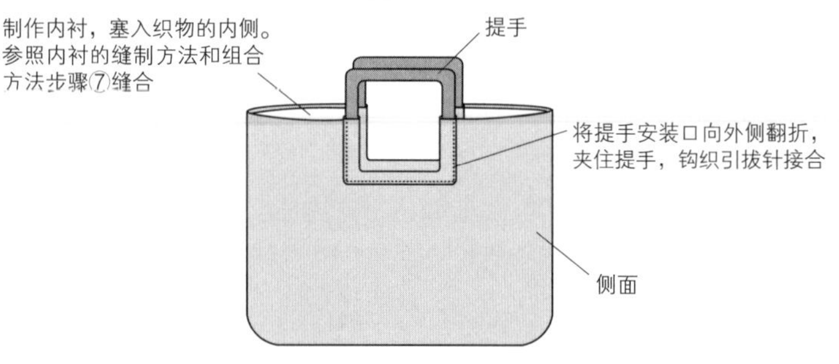

制作内衬，塞入织物的内侧。
参照内衬的缝制方法和组合方法步骤⑦缝合
提手
将提手安装口向外侧翻折，
夹住提手，钩织引拔针接合
侧面

底部

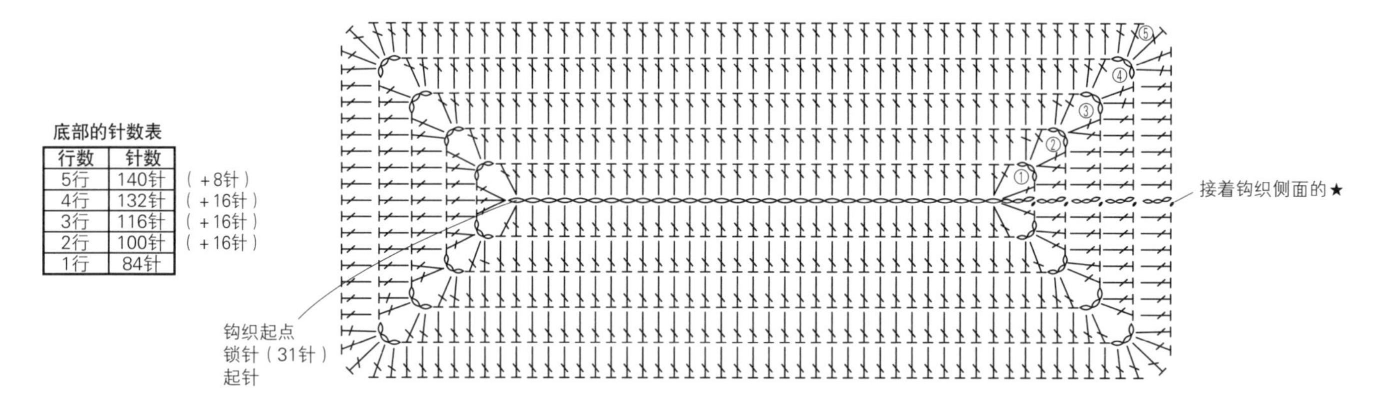

接着钩织侧面的★
钩织起点
锁针（31针）
起针

底部的针数表

行数	针数	
5行	140针	（+8针）
4行	132针	（+16针）
3行	116针	（+16针）
2行	100针	（+16针）
1行	84针	

接p.67

[编织要点]

●钩织68针锁针起针，参照图示按编织花样钩织44行（做环状的往返编织）。提手用相同的方法起针，按长针钩织2条。用锁针钩织2条抽绳。参照图示再钩织2个绳尾装饰片，暂时不要收紧起针的线环。

●用斜针缝将提手的末端缝在主体指定位置的反面。在穿绳位置相互交错着穿入抽绳，分别将绳子末端穿入木珠和绳尾装饰片的起针线环，打一个结。再将绳尾装饰片的中心线环收紧。

接p.82

[编织要点]

●主体（前片）钩织40针共线锁针起针，参照图示无须加减针按配色花样（纵向渡线）编织54行，编织终点做伏针收针。从起针锁针的另一侧挑针，主体（后片）的54行做下针编织，编织终点做伏针收针。

●提手钩织10针共线锁针起针后连接成环形，接着做82行下针编织。参照内衬的缝制方法和组合方法步骤②组合提手。

●内衬参照缝制方法制作，塞入织物的内侧缝合。

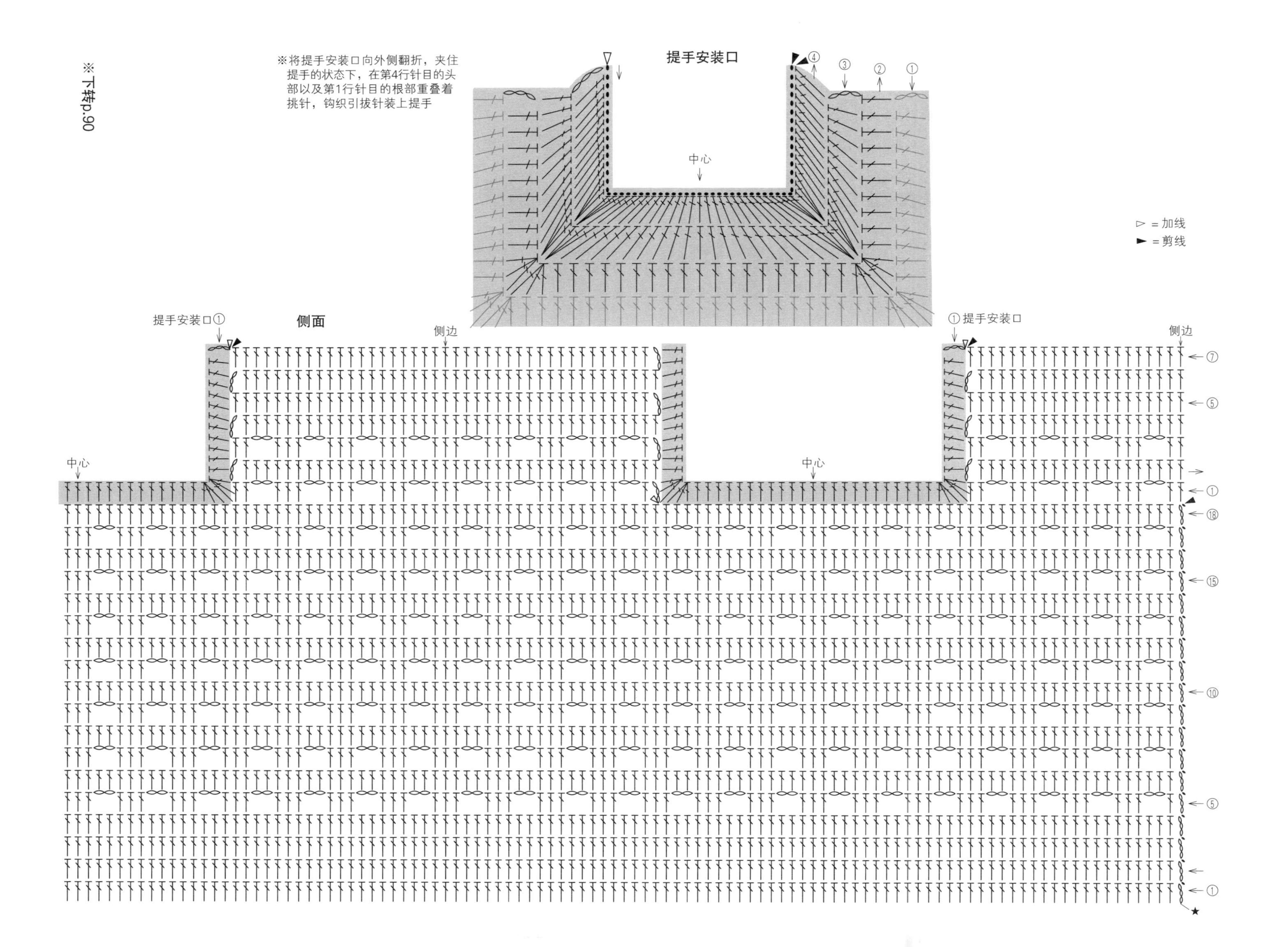
※下转p.90
※将提手安装口向外侧翻折，夹住提手的状态下，在第4行针目的头部以及第1行针目的根部重叠着挑针，钩织引拔针装上提手
提手安装口
中心
▷ = 加线
▶ = 剪线
提手安装口①
侧面
侧边
①提手安装口
侧边
中心
中心

19 人字纹手提包 图片 » p.25

[材料和工具]

芭贝 British Eroika 棕色（192）262g（6团）
MARCHEN ART木制提手（MA2184 白木色 圆形）1组，
棉麻帆布（原白色）66cm×49cm，黏合衬 适量
钩针7/0号

[成品尺寸]

包口周长76cm，深23.5cm（不含提手）

[编织密度]

10cm×10cm面积内：短针16针，18行；编织花样16针，11行

[编织要点]

●底部环形起针，参照图示一边加针一边钩织20行短针。接着侧面无须加减针钩织7行短针，然后按编织花样钩织13行。在指定位置（2处）加线，往返钩织14行。

●提手安装口在指定位置加线，参照图示钩织4行。将提手安装口向外侧翻折，夹住提手，钩织引拔针装上提手。

●内衬参照p.78的缝制方法制作，塞入织物的内侧缝合。

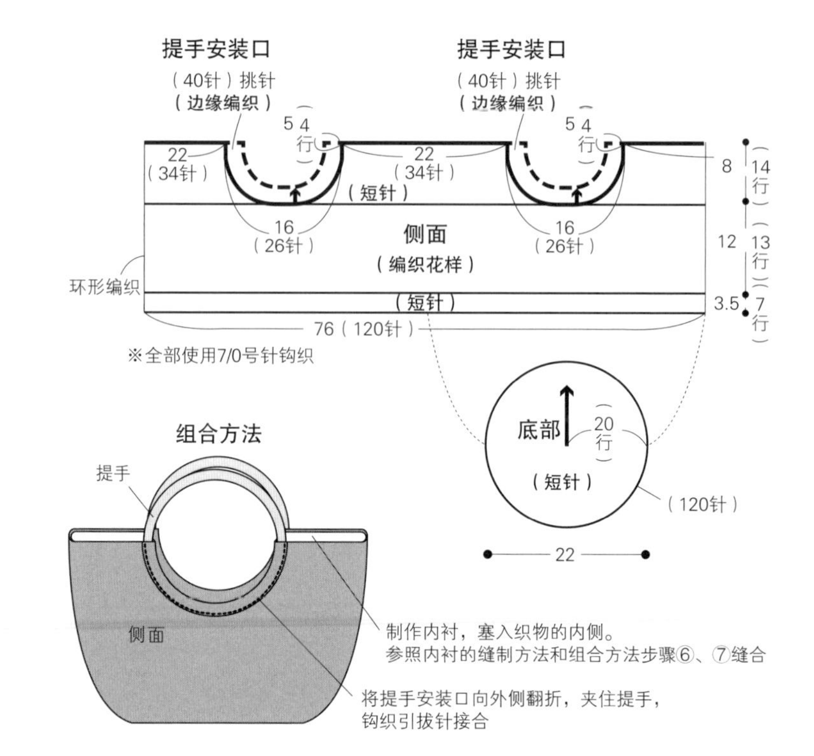

提手安装口
（40针）挑针
（边缘编织）
提手安装口
（40针）挑针
（边缘编织）
5
4行
22
（34针）
22
（34针）
（短针）
8
14行
16
（26针）
侧面
（编织花样）
16
（26针）
12
13行
环形编织
（短针）
3.5
7行
76（120针）
※全部使用7/0号针钩织
组合方法
提手
侧面
底部
20行
（短针）
（120针）
22
制作内衬，塞入织物的内侧。
参照内衬的缝制方法和组合方法步骤⑥、⑦缝合
将提手安装口向外侧翻折，夹住提手，
钩织引拔针接合

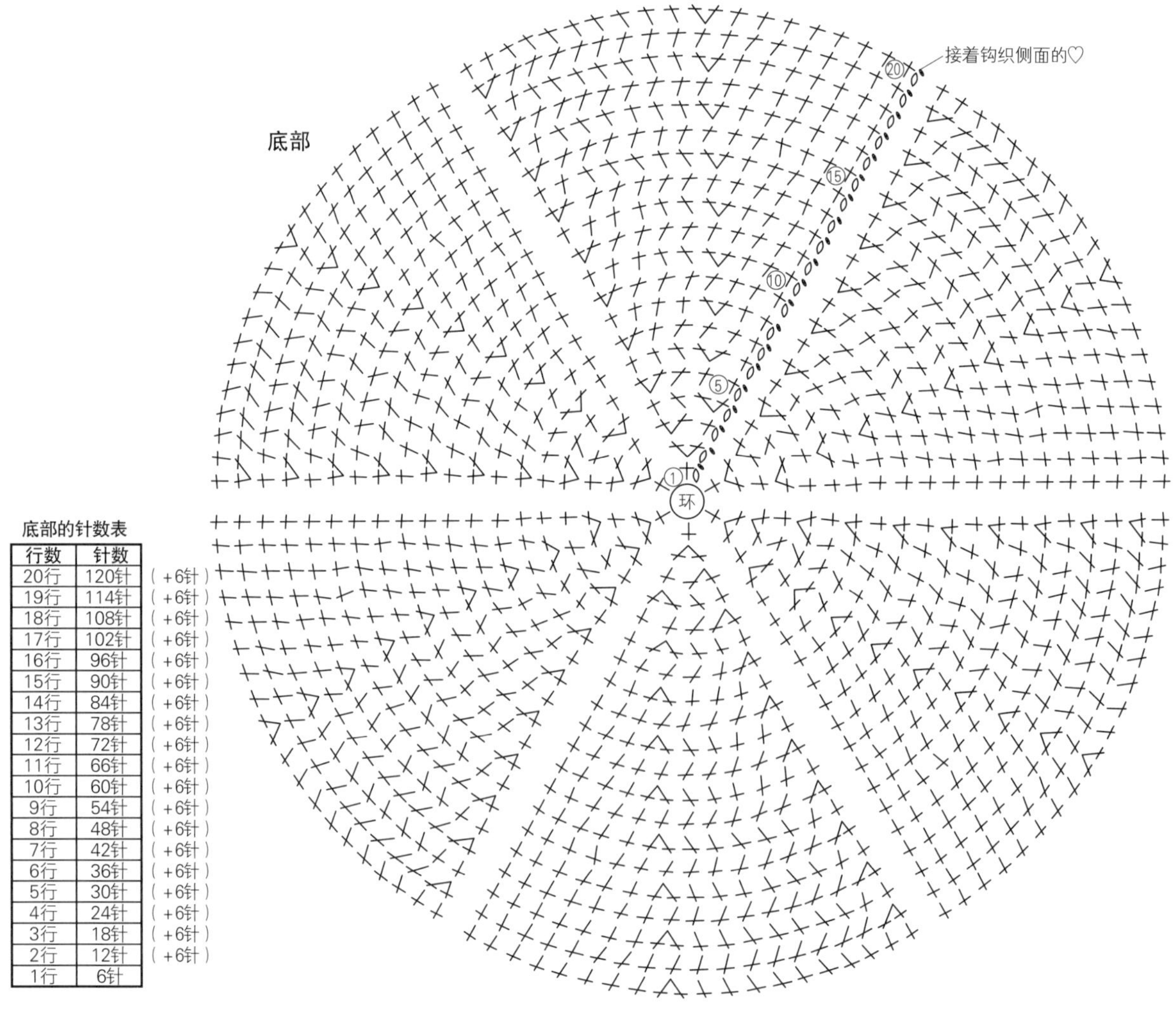

底部
接着钩织侧面的♡
20
15
10
5
1
环

底部的针数表

行数	针数	
20行	120针	（+6针）
19行	114针	（+6针）
18行	108针	（+6针）
17行	102针	（+6针）
16行	96针	（+6针）
15行	90针	（+6针）
14行	84针	（+6针）
13行	78针	（+6针）
12行	72针	（+6针）
11行	66针	（+6针）
10行	60针	（+6针）
9行	54针	（+6针）
8行	48针	（+6针）
7行	42针	（+6针）
6行	36针	（+6针）
5行	30针	（+6针）
4行	24针	（+6针）
3行	18针	（+6针）
2行	12针	（+6针）
1行	6针	

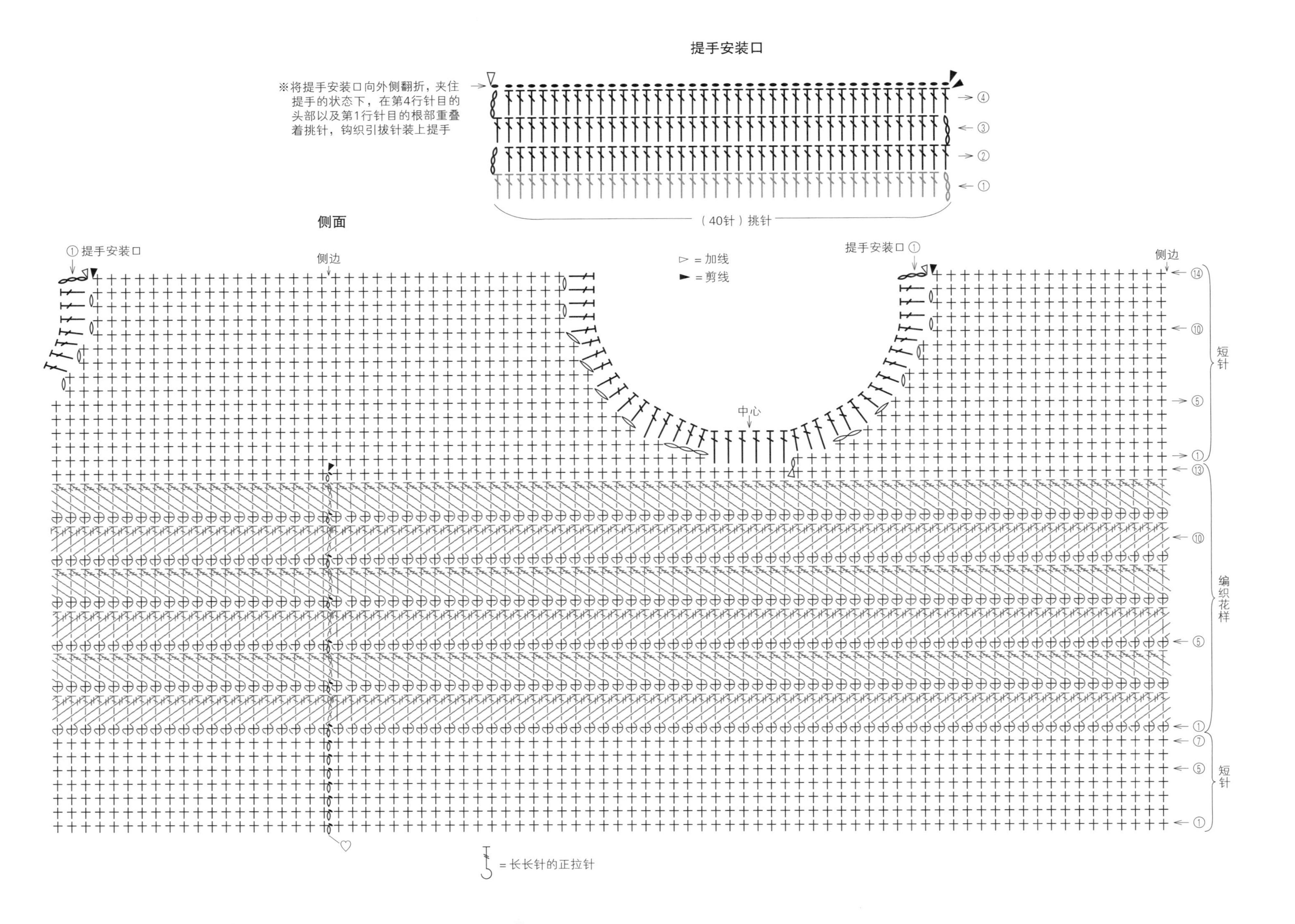
提手安装口
※将提手安装口向外侧翻折，夹住提手的状态下，在第4行针目的头部以及第1行针目的根部重叠着挑针，钩织引拔针装上提手
（40针）挑针
侧面
① 提手安装口
侧边
▷ = 加线
▶ = 剪线
提手安装口 ①
侧边
中心
短针
编织花样
短针
= 长长针的正拉针

内衬的缝制方法和组合方法

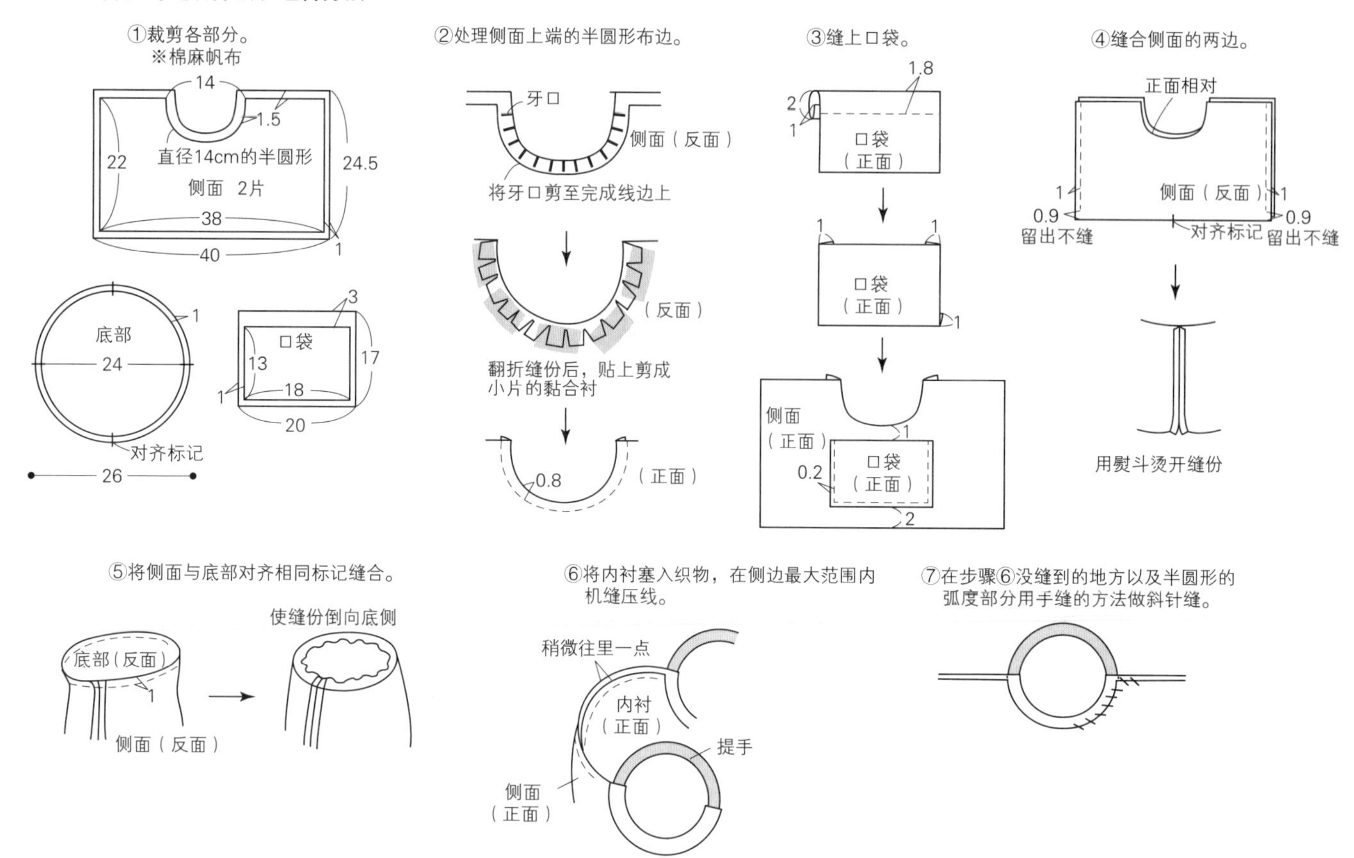

①裁剪各部分。
※棉麻帆布
14
1.5
22
直径14cm的半圆形
侧面 2片
24.5
38
40
1
底部
24
1
对齐标记
26
口袋
3
13
17
18
1
20
②处理侧面上端的半圆形布边。
牙口
侧面（反面）
将牙口剪至完成线边上
（反面）
翻折缝份后，贴上剪成小片的黏合衬
0.8
（正面）
③缝上口袋。
1.8
2
1
口袋
（正面）
侧面
（正面）
0.2
2
④缝合侧面的两边。
正面相对
侧面（反面）
0.9
留出不缝
对齐标记
用熨斗烫开缝份
⑤将侧面与底部对齐相同标记缝合。
底部（反面）
侧面（反面）
使缝份倒向底侧
⑥将内衬塞入织物，在侧边最大范围内机缝压线。
稍微往里一点
内衬
（正面）
提手
侧面
（正面）
⑦在步骤⑥没缝到的地方以及半圆形的弧度部分用手缝的方法做斜针缝。

20 考伊琴风迷你托特包 图片 » p.26

[材料和工具]

达摩手编线 Wool Roving 米色（2）44g，原白色（1）29g，棕色（3）、灰色（7）各16g（各1团）

宽30mm的人字纹织带（原白色 28cm）2条，平纹布（原白色）32cm×44cm

钩针8/0号

[成品尺寸]

包口周长60cm，深16cm（不含提手）

[编织密度]

10cm×10cm面积内：短针的反条纹针配色花样12.5针，12行

[编织要点]

●底部钩织15针锁针起针，参照图示一边加针一边钩织6行。接着侧面无须加减针按短针的反条纹针配色花样（在前一行针目头部的前面半针里挑针）钩织17行。在提手的指定位置加线，参照图示钩织提手的中心部分。在提手的内侧加线钩织1行（2处）。接着在提手的外侧环形钩织2行短针。

●在提手的反面缝上人字纹织带。内衬参照缝制方法制作，塞入织物的内侧缝合。

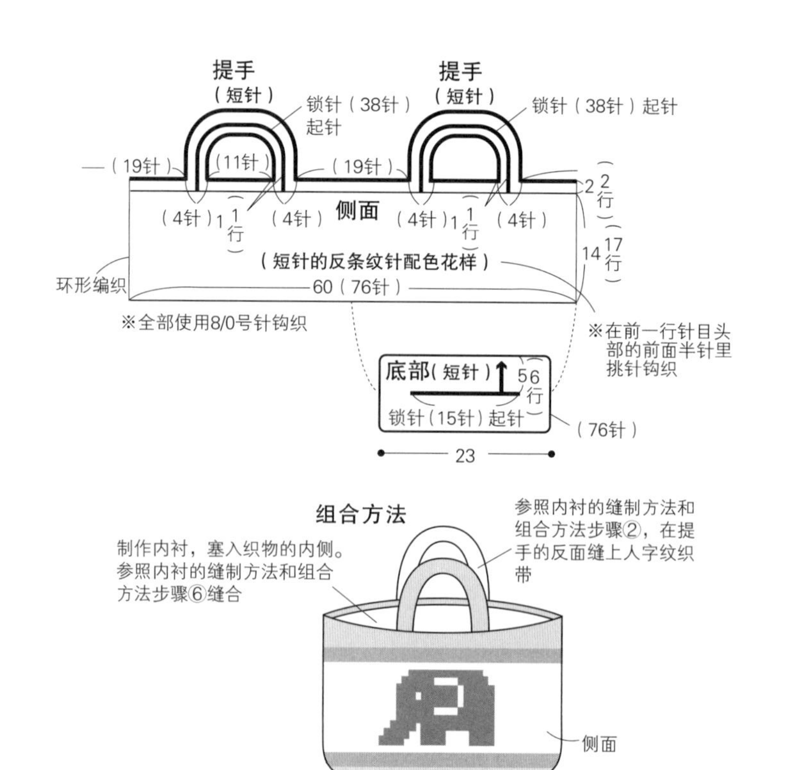

提手
（短针）
锁针（38针）起针
提手
（短针）
锁针（38针）起针
（19针）
（11针）
（19针）
2 2行
（4针）
1 1行
（4针）
侧面
（4针）
1 1行
（4针）
14 17行
（短针的反条纹针配色花样）
环形编织
60（76针）
※全部使用8/0号针钩织
※在前一行针目头部的前面半针里挑针钩织
底部（短针）
5 6行
锁针（15针）起针
（76针）
23
组合方法
制作内衬，塞入织物的内侧。参照内衬的缝制方法和组合方法步骤⑥缝合
参照内衬的缝制方法和组合方法步骤②，在提手的反面缝上人字纹织带
侧面

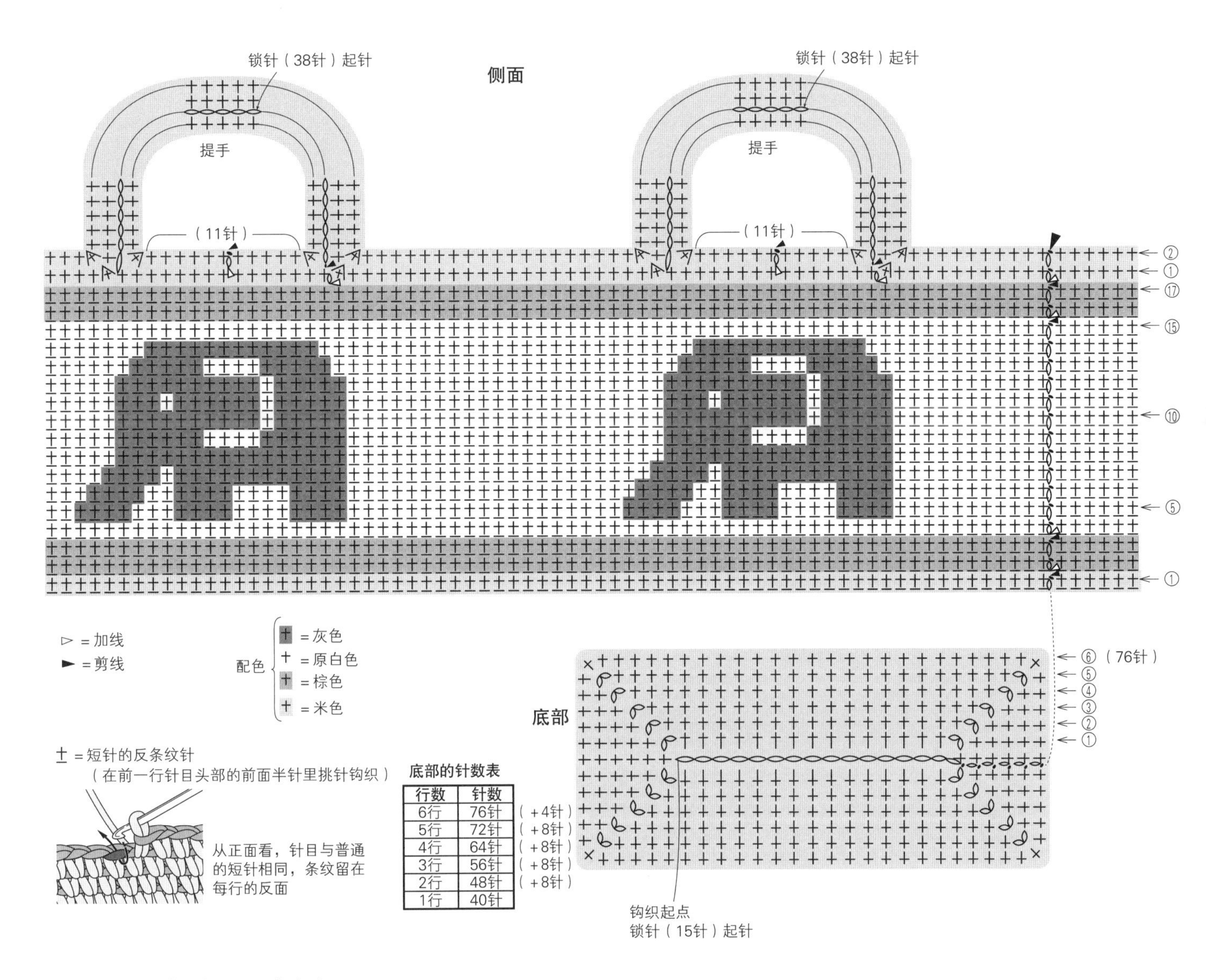
侧面
锁针（38针）起针
锁针（38针）起针
提手
提手
（11针）
（11针）
▷ = 加线
▶ = 剪线
配色
= 灰色
= 原白色
= 棕色
= 米色
底部
（76针）
± = 短针的反条纹针
（在前一行针目头部的前面半针里挑针钩织）
从正面看，针目与普通的短针相同，条纹留在每行的反面
钩织起点
锁针（15针）起针

底部的针数表

行数	针数	
6行	76针	（+4针）
5行	72针	（+8针）
4行	64针	（+8针）
3行	56针	（+8针）
2行	48针	（+8针）
1行	40针	

内衬的缝制方法和组合方法

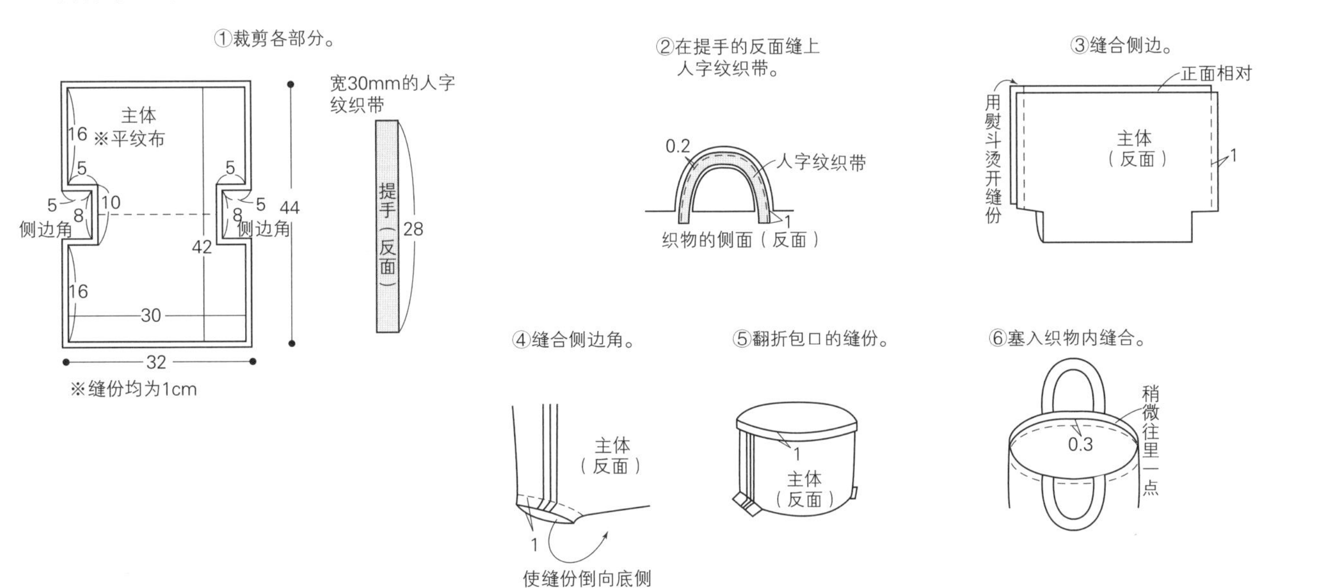
①裁剪各部分。
主体
※平纹布
侧边角
侧边角
宽30mm的人字纹织带
提手（反面）
28
44
42
30
32
16
16
5
5
8
10
※缝份均为1cm
②在提手的反面缝上人字纹织带。
0.2
人字纹织带
织物的侧面（反面）
③缝合侧边。
正面相对
用熨斗烫开缝份
主体（反面）
④缝合侧边角。
主体（反面）
使缝份倒向底侧
⑤翻折包口的缝份。
主体（反面）
⑥塞入织物内缝合。
0.3
稍微往里一点

21 开衫造型的挎包 图片 » p.27

[材料和工具]

达摩手编线 Merino Worsted（极粗） 原白色（301）301g（8团）
直径20mm的皮纽扣 4颗，宽50mm的人字纹织带（原白色 54cm）1条，平纹布（原白色）54cm×61cm
钩针8/0号

[成品尺寸]

包口周长68cm，深25cm（不含肩带）

[编织密度]

10cm×10cm面积内：编织花样17.5针，20.5行

[编织要点]

●底部钩织40针锁针起针，参照图示无须加减针按编织花样钩织19行。接着侧面也无须加减针按编织花样钩织51行（做环状的往返编织）。扣带和肩带分别在指定位置加线，参照图示钩织。
●在肩带的反面缝上人字纹织带。内衬参照p.90的缝制方法制作，塞入织物的内侧缝合。
●在指定位置缝上皮纽扣。

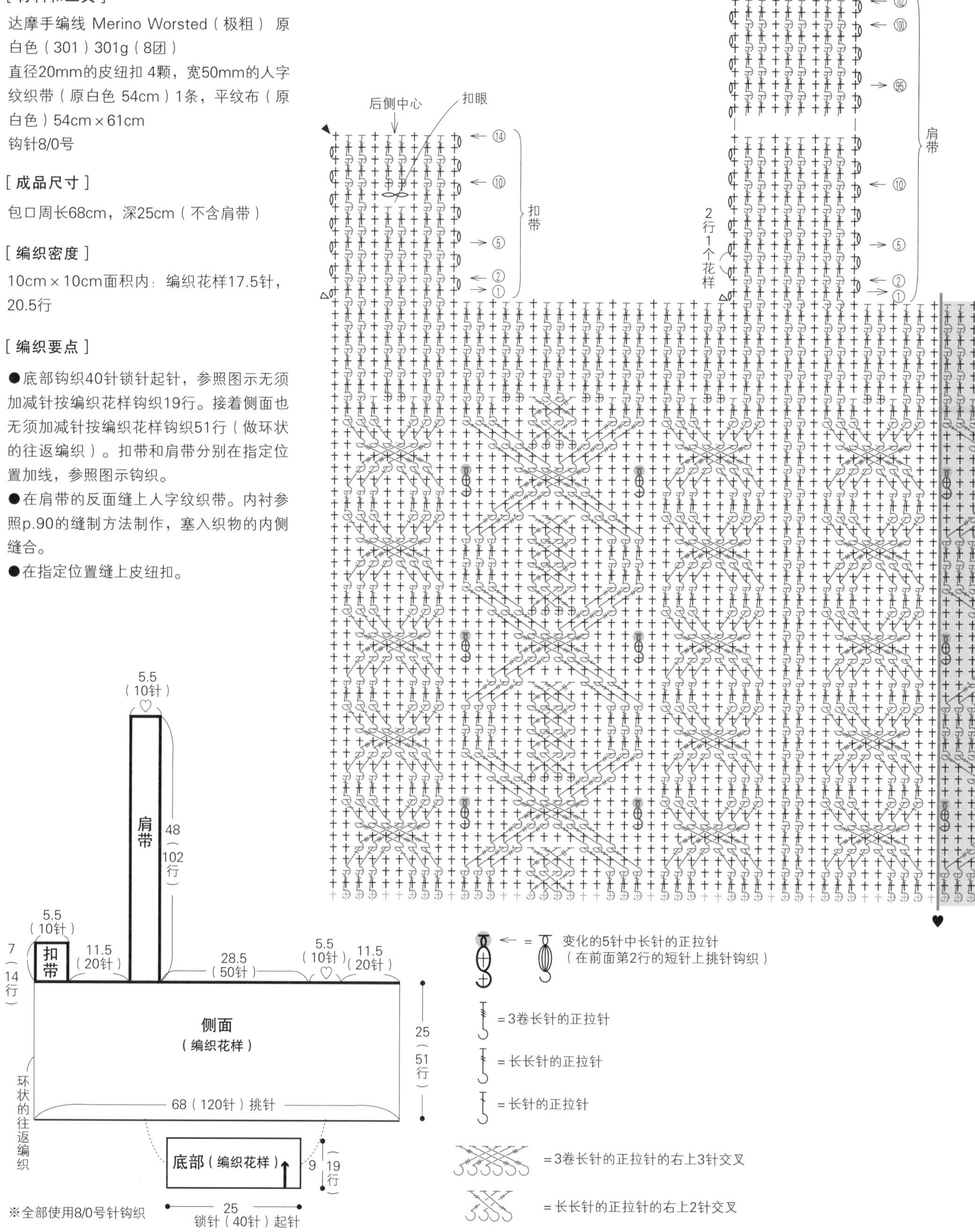

与♡做卷针缝合
后侧中心
扣眼
扣带
肩带
2行1个花样
5.5（10针）
肩带
48（102行）
5.5（10针）
扣带
7（14行）
11.5（20针）
28.5（50针）
5.5（10针）
11.5（20针）
侧面
（编织花样）
25（51行）
68（120针）挑针
环状的往返编织
底部（编织花样）
9（19行）
25
锁针（40针）起针
※全部使用8/0号针钩织
=变化的5针中长针的正拉针（在前面第2行的短针上挑针钩织）
=3卷长针的正拉针
=长长针的正拉针
=长针的正拉针
=3卷长针的正拉针的右上3针交叉
=长长针的正拉针的右上2针交叉

※下转p.90

▷ = 加线

► = 剪线

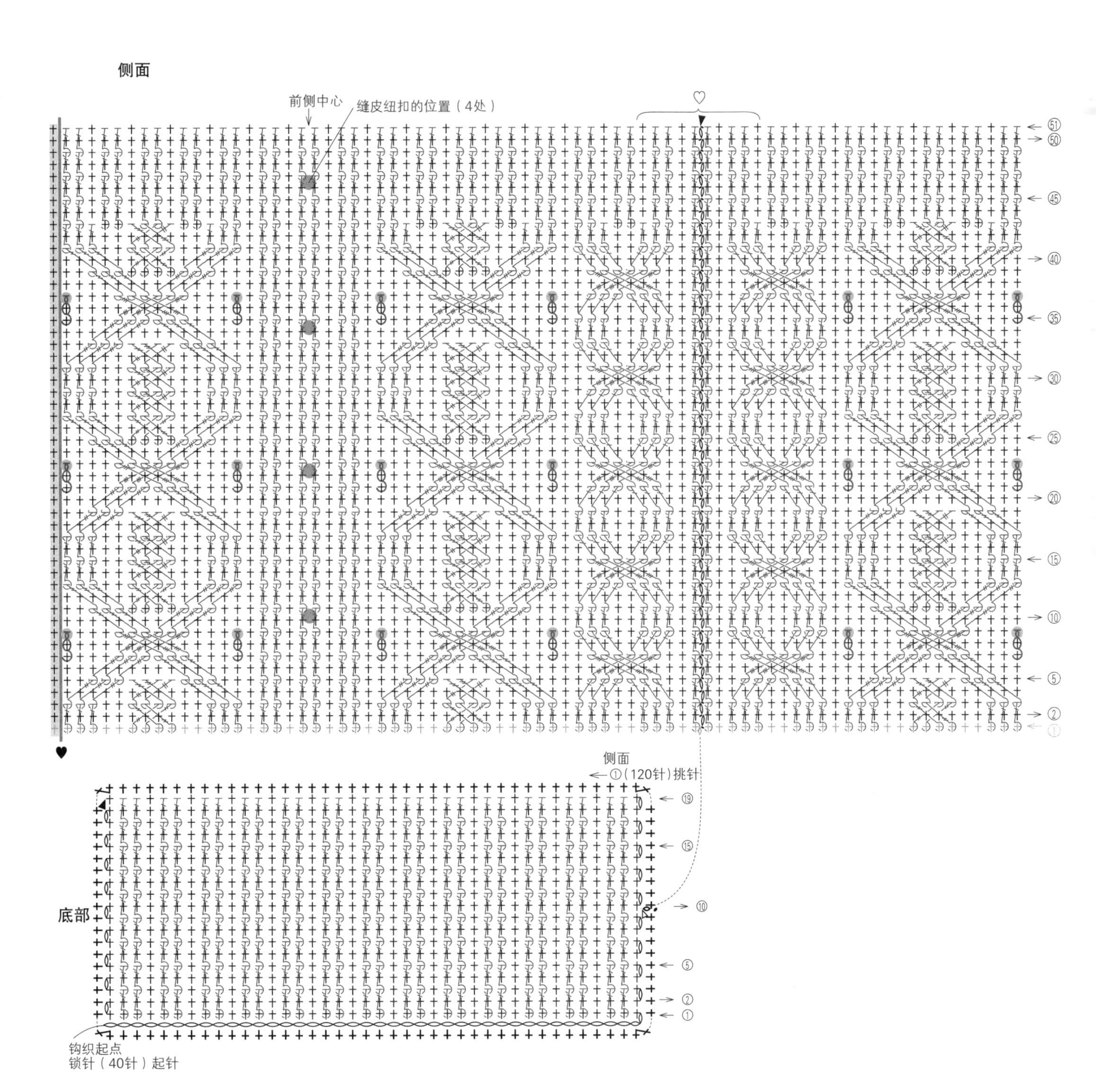

侧面
前侧中心
缝皮纽扣的位置（4处）
♡
51
50
45
40
35
30
25
20
15
10
5
2
1
侧面
①（120针）挑针
19
15
10
5
2
1
底部
钩织起点
锁针（40针）起针

22 小雪怪迷你手拎包

图片 » p.28

[材料和工具]

和麻纳卡 Exceed Wool L（中粗）浅葱绿色（347）64g（2团），Merino Wool Fur 白色（1）5g（1团），自己喜欢的褐色和粉红色线 少量

宽20mm的人字纹织带（原白色 30cm）2条，棉布（方格平纹布）21cm×46cm

棒针8号，钩针7/0号（用于起针）

[成品尺寸]

宽19cm，深22cm（不含提手）

[编织密度]

10cm×10cm面积内：配色花样、下针编织均为20.5针，24.5行

[编织要点]

●见p.74。

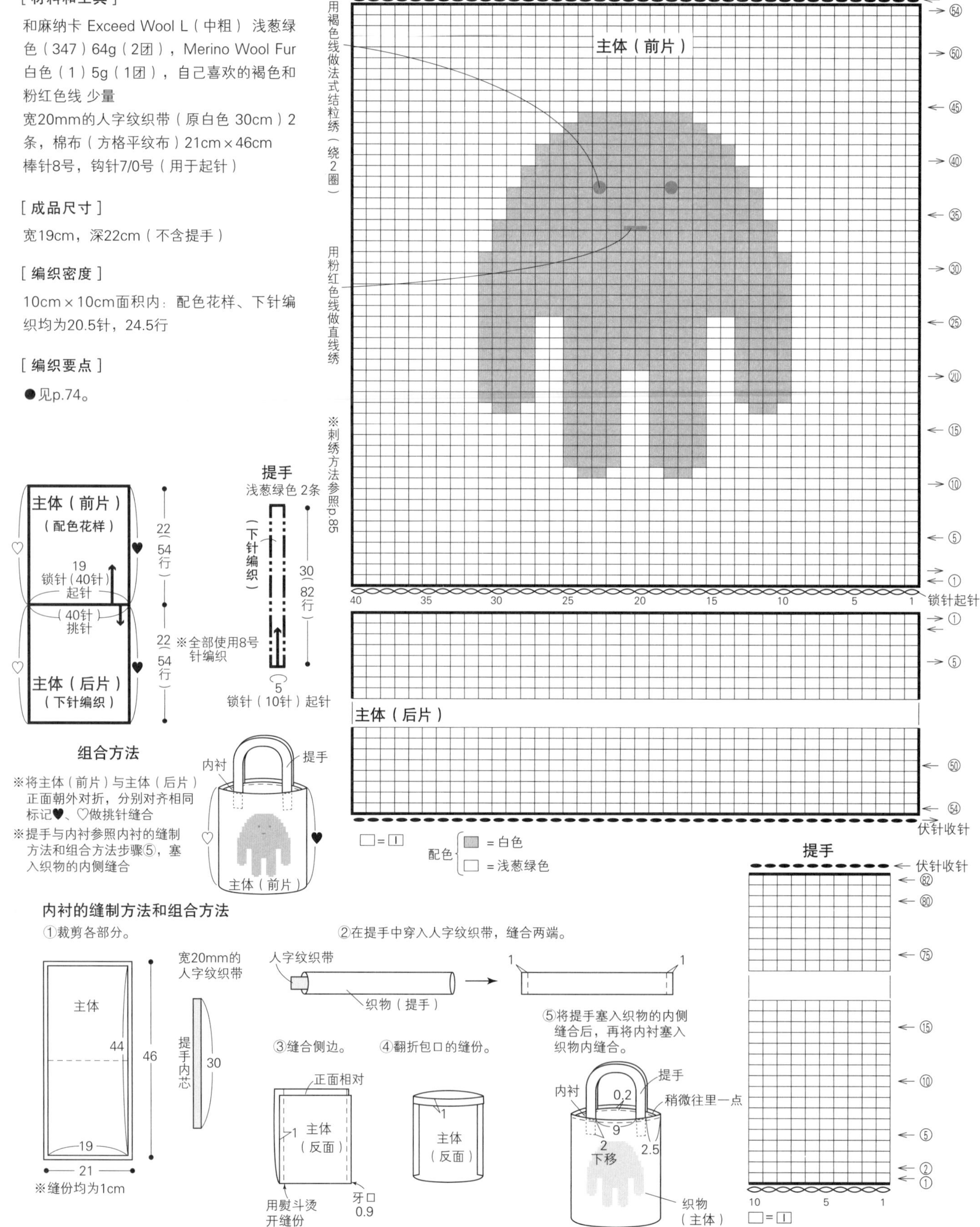

主体（前片）
用褐色线做法式结粒绣（绕2圈）
用粉红色线做直线绣
※刺绣方法参照p.85
伏针收针
锁针起针
主体（后片）
配色
= 白色
= 浅葱绿色
主体（前片）
（配色花样）
19
锁针（40针）起针
（40针）挑针
主体（后片）
（下针编织）
22（54行）
22（54行）
提手
浅葱绿色 2条
（下针编织）
30（82行）
5
锁针（10针）起针
※全部使用8号针编织
组合方法
※将主体（前片）与主体（后片）正面朝外对折，分别对齐相同标记♥、♡做挑针缝合
※提手与内衬参照内衬的缝制方法和组合方法步骤⑤，塞入织物的内侧缝合
内衬
提手
主体（前片）
内衬的缝制方法和组合方法
①裁剪各部分。
主体
44
46
19
21
※缝份均为1cm
宽20mm的人字纹织带
提手内芯
30
②在提手中穿入人字纹织带，缝合两端。
人字纹织带
织物（提手）
③缝合侧边。
正面相对
主体（反面）
用熨斗烫开缝份
牙口 0.9
④翻折包口的缝份。
主体（反面）
⑤将提手塞入织物的内侧缝合后，再将内衬塞入织物内缝合。
内衬
提手
0.2
稍微往里一点
9
2 下移
2.5
织物（主体）

30、31、32 喷雾瓶小挂包 图片 » p.34

[材料和工具]

30：和麻纳卡 eco-ANDARIA 钴蓝色（901）9g、米白色（168）3g（各1团）

31：和麻纳卡 eco-ANDARIA 复古蓝色（66）7g、橘红色（164）6g（各1团），挂扣 1个

32：和麻纳卡 eco-ANDARIA 绿色（17）15g（1团），直径13mm的纽扣 1颗

通用：钩针5/0号

[成品尺寸]

包口周长12cm，深9cm（不含挂绳）

[编织密度]

10cm×10cm面积内：短针、短针条纹均为20针，20行

[编织要点]

●底部环形起针，参照图示一边加针一边钩织4行短针。接着侧面无须加减针钩织18行短针（短针条纹）。

●参照图示，分别在30、31、32上钩织挂绳。

●32缝上纽扣。

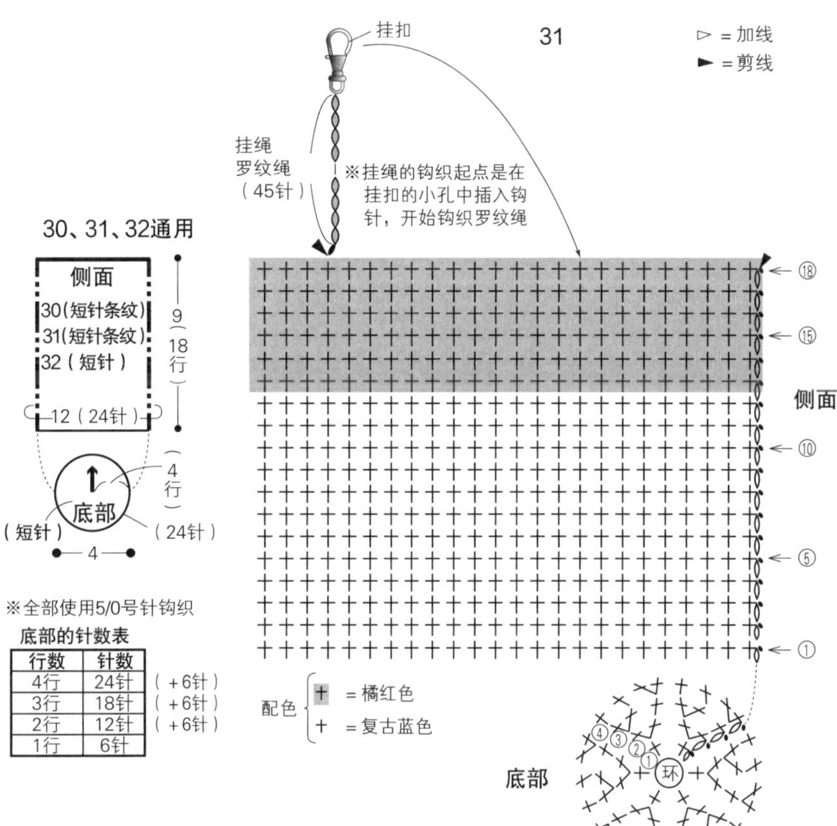
30、31、32通用
侧面
30（短针条纹）
31（短针条纹）
32（短针）
9
18行
12（24针）
4行
底部
（短针）
（24针）
4
※全部使用5/0号针钩织
31
▷ = 加线
▶ = 剪线
挂扣
挂绳
罗纹绳
（45针）
※挂绳的钩织起点是在挂扣的小孔中插入钩针，开始钩织罗纹绳
侧面
配色
= 橘红色
= 复古蓝色
底部
环

底部的针数表

行数	针数	
4行	24针	（+6针）
3行	18针	（+6针）
2行	12针	（+6针）
1行	6针	

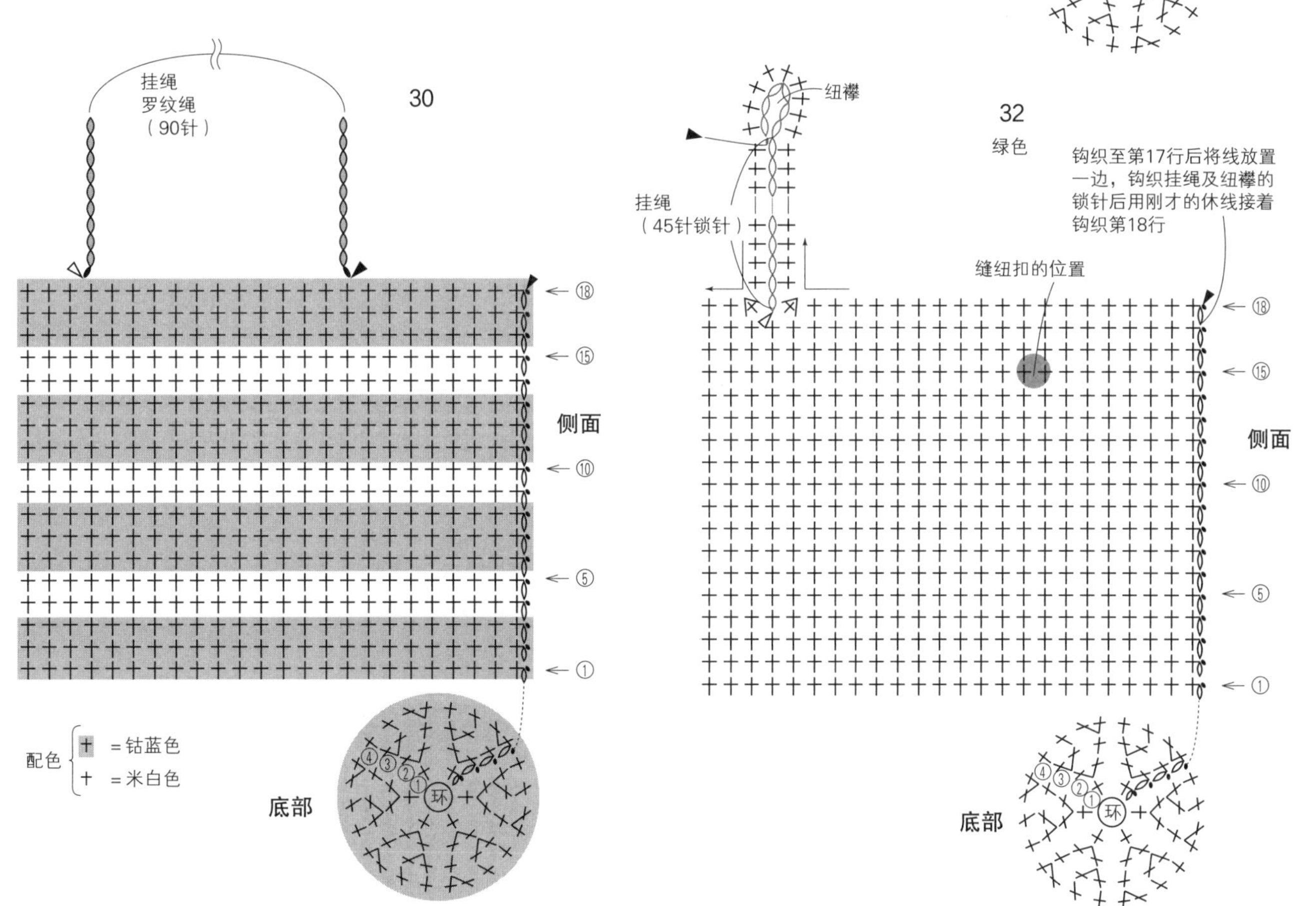
30
挂绳
罗纹绳
（90针）
侧面
配色
= 钴蓝色
= 米白色
底部
环
32
绿色
纽襻
挂绳
（45针锁针）
钩织至第17行后将线放置一边，钩织挂绳及纽襻的锁针后用刚才的休线接着钩织第18行
缝纽扣的位置
侧面
底部
环

23 小绵羊手拎包 图片 » p.29

[材料和工具]

芭贝 Julika Mohair 奶白色（301）37g（1团），Queen Anny 炭灰色（946）37g（1团）

宽10mm的人字纹织带（原白色 27cm）2条，平纹布（原白色）27cm×36cm，安全别针 1个

钩针10/0号、6/0号

[成品尺寸]

包口周长38cm，深17cm（不含提手、腿部）

[编织密度]

10cm×10cm面积内：编织花样10.5针，12行

[编织要点]

●主体钩织18针锁针起针，在锁针周围挑针钩织第1行。参照图示一边加减针一边按编织花样钩织20行（做环状的往返编织）。因为针目不易分辨，一边钩织一边在每行的钩织起点与钩织终点放入记号扣（参照p.46）。

●提手钩织8针锁针起针后连接成环形。无须加减针钩织54行短针。参照内衬的缝制方法和组合方法步骤②组合提手。

●腿部环形起针后钩织8行短针。

●脸部和耳朵环形起针，分别参照图示钩织。参照小绵羊头部胸针的组合方法制作。

●参照内衬的缝制方法和组合方法，制作内衬，塞入织物的内侧缝合。

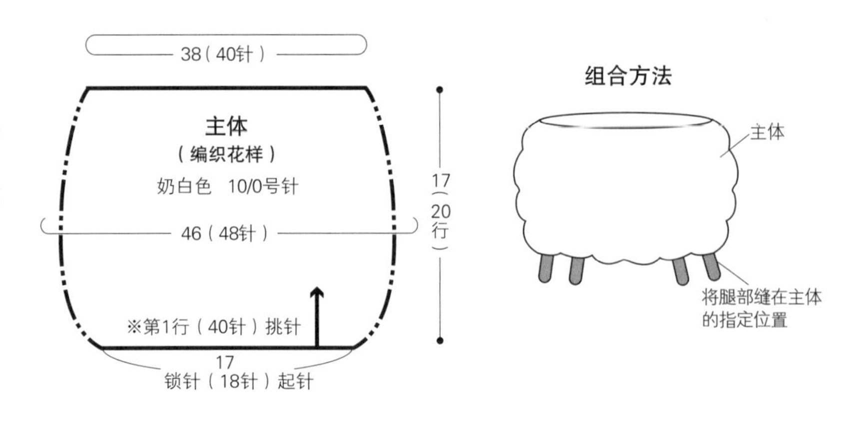
38（40针）
主体
（编织花样）
奶白色 10/0号针
46（48针）
17（20行）
※第1行（40针）挑针
17
锁针（18针）起针
组合方法
主体
将腿部缝在主体的指定位置

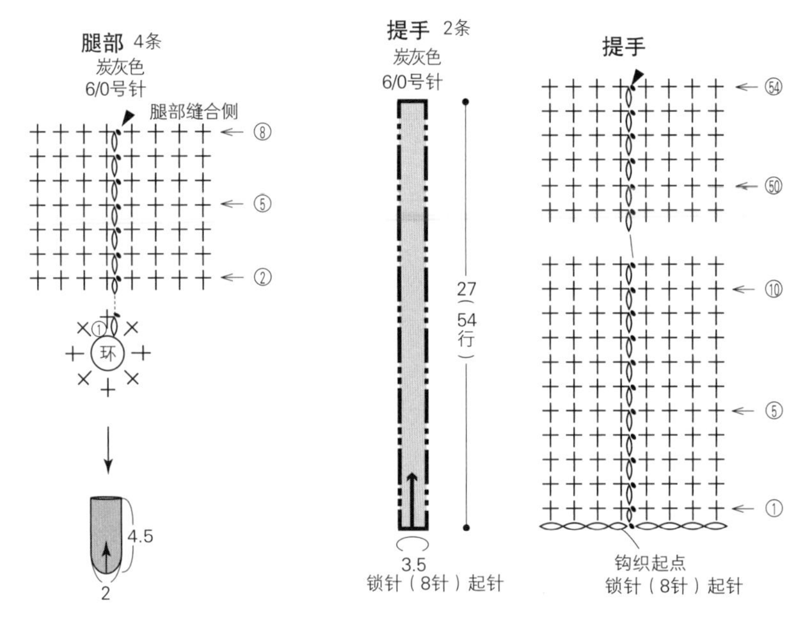
腿部 4条
炭灰色
6/0号针
腿部缝合侧
⑧
⑤
②
①
环
4.5
2
提手 2条
炭灰色
6/0号针
27（54行）
3.5
锁针（8针）起针
提手
54
50
10
5
1
钩织起点
锁针（8针）起针

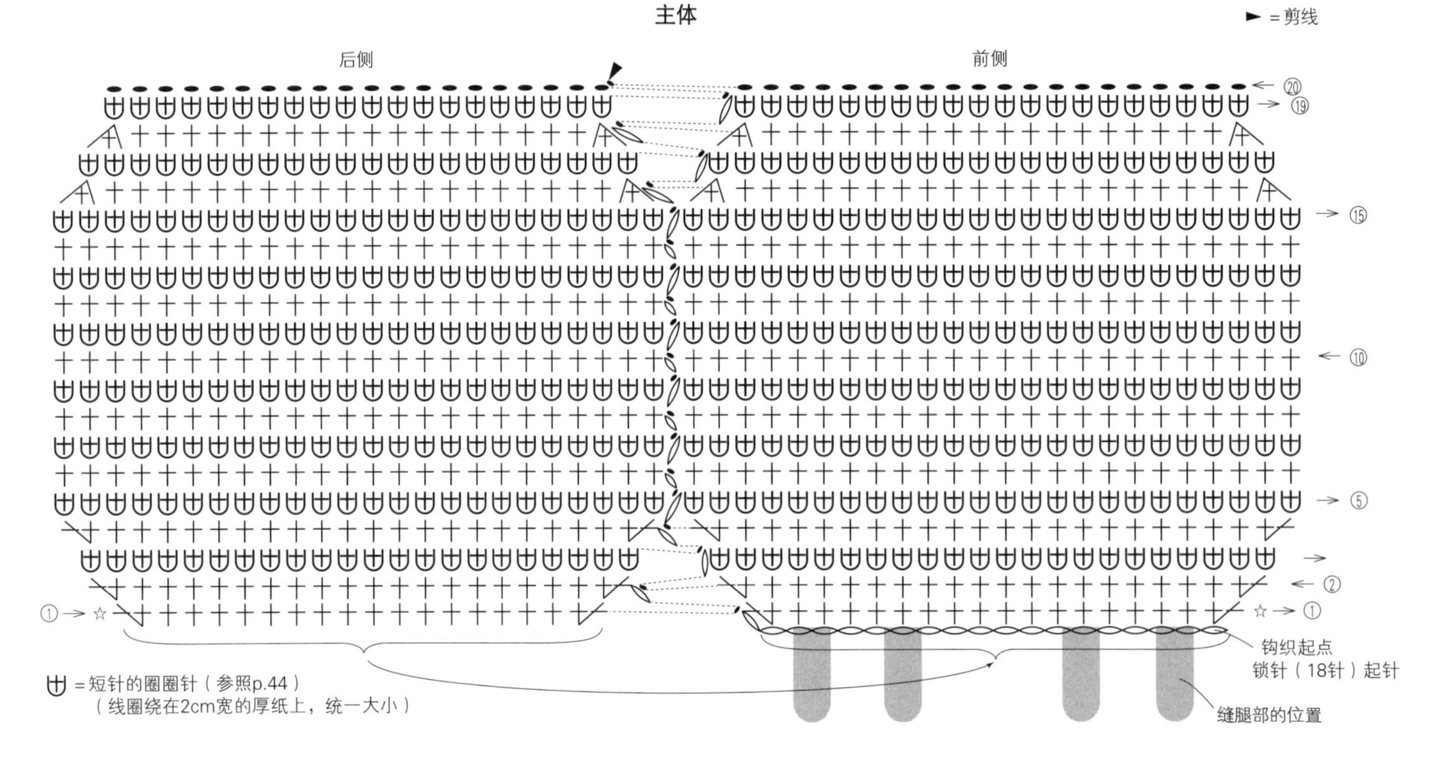
主体
► = 剪线
后侧
前侧
20
19
15
10
5
2
1
钩织起点
锁针（18针）起针
缝腿部的位置

ⴲ = 短针的圈圈针（参照p.44）
（线圈绕在2cm宽的厚纸上，统一大小）

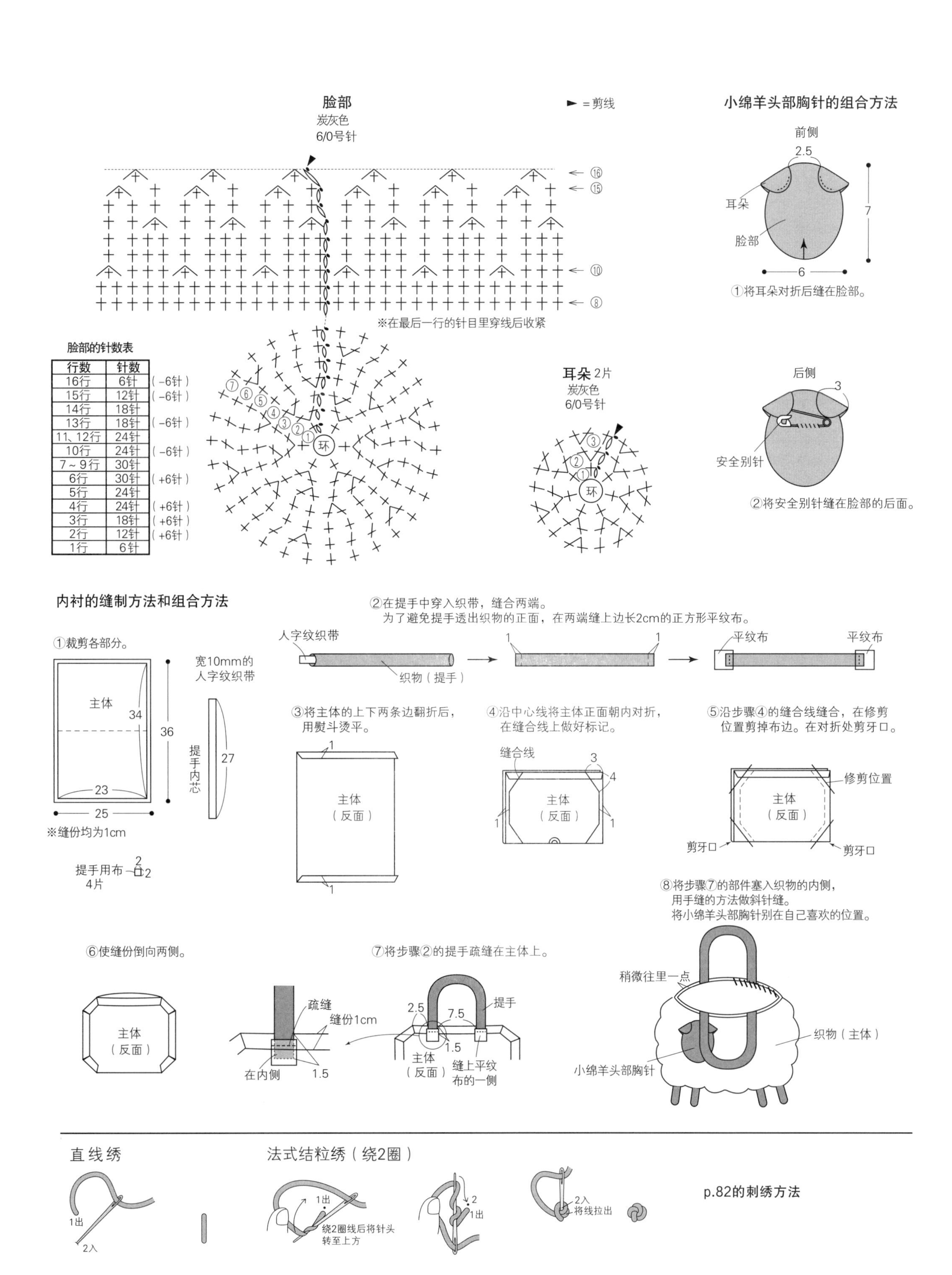
脸部
炭灰色
6/0号针
► = 剪线
⑯
⑮
⑩
⑧
※在最后一行的针目里穿线后收紧
环
小绵羊头部胸针的组合方法
前侧
2.5
耳朵
脸部
7
6
①将耳朵对折后缝在脸部。
耳朵 2片
炭灰色
6/0号针
后侧
3
安全别针
②将安全别针缝在脸部的后面。
内衬的缝制方法和组合方法
①裁剪各部分。
主体
34
36
23
25
※缝份均为1cm
宽10mm的
人字纹织带
提手内芯
27
提手用布 2 2
4片
②在提手中穿入织带，缝合两端。
为了避免提手透出织物的正面，在两端缝上边长2cm的正方形平纹布。
人字纹织带
织物（提手）
平纹布
③将主体的上下两条边翻折后，
用熨斗烫平。
主体
（反面）
④沿中心线将主体正面朝内对折，
在缝合线上做好标记。
缝合线
⑤沿步骤④的缝合线缝合，在修剪
位置剪掉布边。在对折处剪牙口。
修剪位置
剪牙口
⑥使缝份倒向两侧。
⑦将步骤②的提手疏缝在主体上。
疏缝
缝份1cm
在内侧
1.5
2.5
7.5
提手
缝上平纹
布的一侧
⑧将步骤⑦的部件塞入织物的内侧，
用手缝的方法做斜针缝。
将小绵羊头部胸针别在自己喜欢的位置。
稍微往里一点
织物（主体）
小绵羊头部胸针
直线绣
1出
2入
法式结粒绣（绕2圈）
绕2圈线后将针头
转至上方
将线拉出
p.82的刺绣方法

脸部的针数表

行数	针数	
16行	6针	（-6针）
15行	12针	（-6针）
14行	18针	
13行	18针	（-6针）
11、12行	24针	
10行	24针	（-6针）
7～9行	30针	
6行	30针	（+6针）
5行	24针	
4行	24针	（+6针）
3行	18针	（+6针）
2行	12针	（+6针）
1行	6针	

24 毛衣造型的化妆包

图片 » p.31

[材料和工具]

达摩手编线 iroiro 米白色（1）25g（2团）
15cm的拉链（白色）1条
钩针5/0号

[成品尺寸]

宽9.5cm，深11cm

[编织密度]

10cm × 10cm面积内：短针、编织花样均为26针，30行

[编织要点]

●前、后身片钩织50针锁针起针后连接成环形，参照图示无须加减针钩织19行。接着后身片一边减针一边往返编织至第33行。在前身片的指定位置加线，一边减针一边往返编织至第33行。
●衣袖钩织14针锁针起针后连接成环形，参照图示一边加针一边钩织15行。从第16行开始一边减针一边往返编织至第27行。
●参照组合方法，组合各部分。

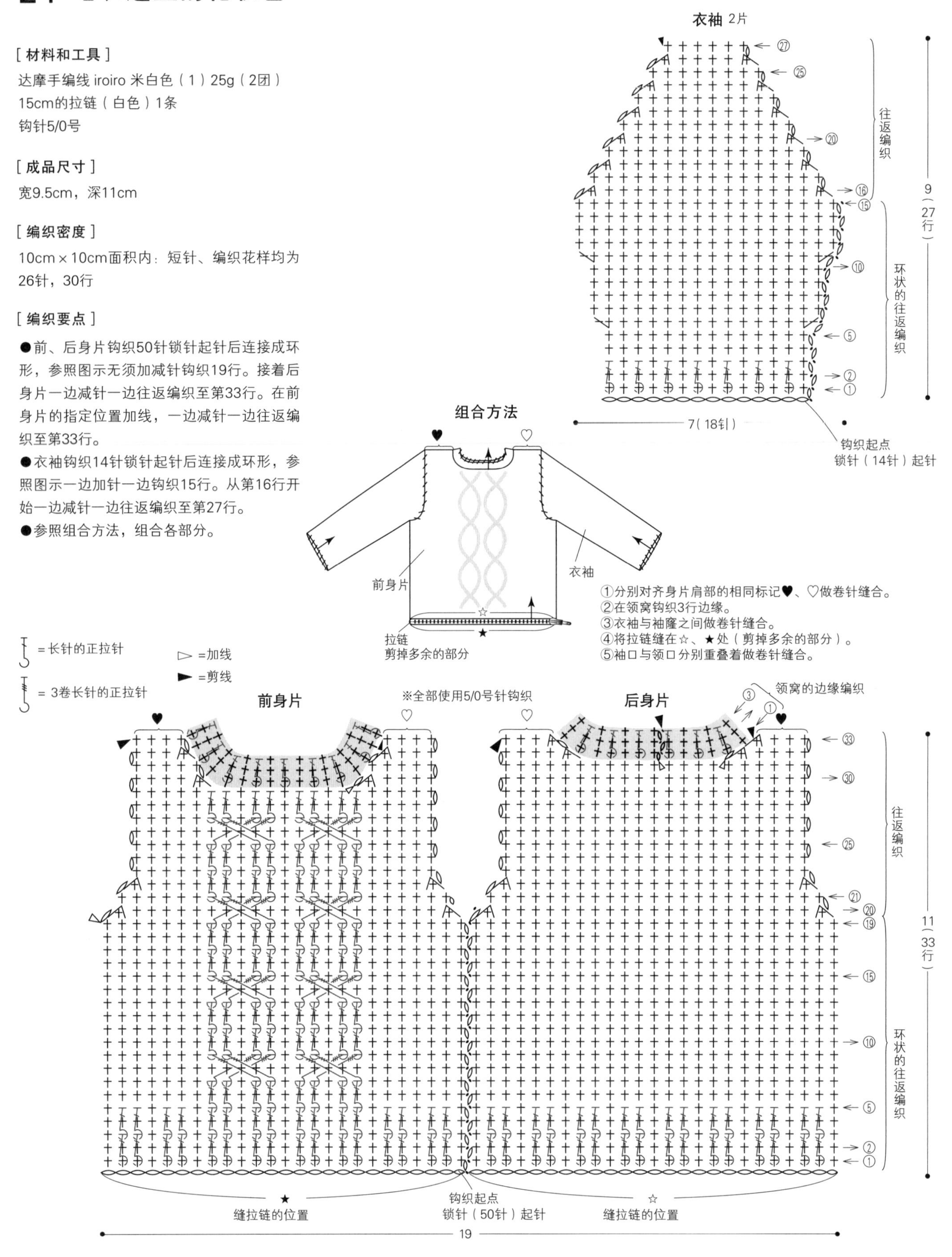

衣袖 2片
往返编织
环状的往返编织
9（27行）
7（18针）
钩织起点
锁针（14针）起针
组合方法
前身片
衣袖
拉链
剪掉多余的部分
①分别对齐身片肩部的相同标记♥、♡做卷针缝合。
②在领窝钩织3行边缘。
③衣袖与袖窿之间做卷针缝合。
④将拉链缝在☆、★处（剪掉多余的部分）。
⑤袖口与领口分别重叠着做卷针缝合。
= 长针的正拉针
= 3卷长针的正拉针
▷ = 加线
◀ = 剪线
前身片
※全部使用5/0号针钩织
后身片
领窝的边缘编织
11（33行）
缝拉链的位置
钩织起点
锁针（50针）起针
19

25 裙子造型的化妆包 图片 » p.31

[材料和工具]

达摩手编线 iroiro 孔雀蓝色（16）、红色（37）各8g（各1团），草绿色（26）4g（1团），藏青色（12）2g（1团）
15cm的拉链（红色）1条
钩针5/0号

[成品尺寸]

宽12cm，深10.5cm

[编织密度]

10cm × 10cm面积内：短针配色花样27针，28行

[编织要点]

●主体钩织65针锁针起针后连接成环形，参照图示按短针配色花样无须加减针钩织25行（做环状的往返编织）。在第25行的指定位置打褶，在折叠的状态下环形钩织4行短针作为腰头。在主体的指定位置从织物的上面钩织引拔针。
●参照组合方法，组合各部分。

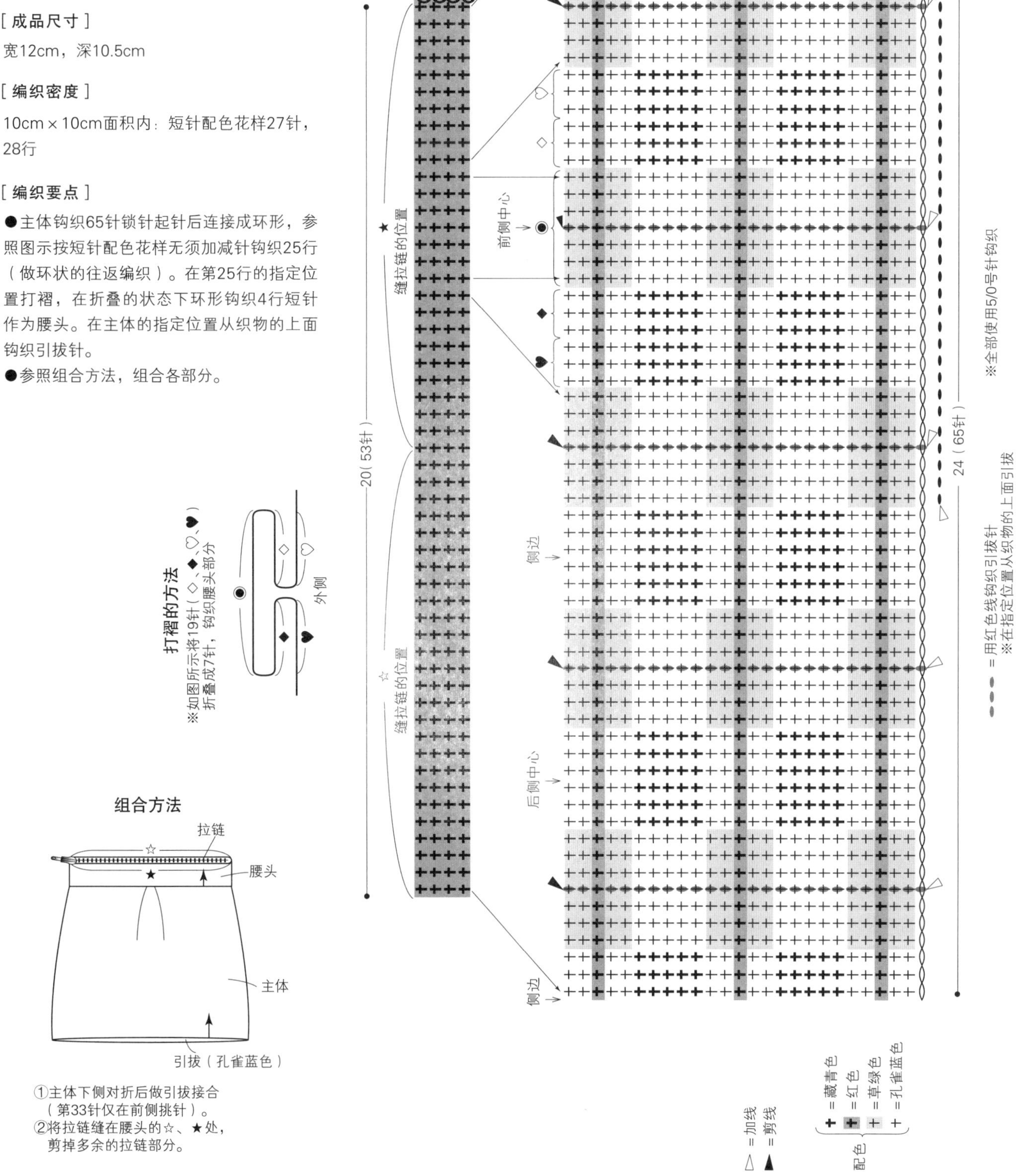

打褶的方法
※如图所示将19针（◇、◆、♡、♥）折叠成7针，钩织腰头部分
外侧
组合方法
拉链
腰头
主体
引拔（孔雀蓝色）
①主体下侧对折后做引拔接合（第33针仅在前侧挑针）。
②将拉链缝在腰头的☆、★处，剪掉多余的拉链部分。
腰头
1.5（4行）
①（53针）
缝拉链的位置
20（53针）
主体
9（25行）
钩织起点 锁针（65针）起针
前侧中心
侧边
后侧中心
24（65针）
※全部使用5/0号针钩织
= 用红色线钩织引拔针
※在指定位置从织物的上面引拔
▷ = 加线
▶ = 剪线
配色 = 藏青色 = 红色 = 草绿色 = 孔雀蓝色

27、28、29 提手保护套 图片 » p.33

[材料和工具]

27：羊毛布（格子花呢）12cm×12cm，亚麻布（卡其色）12cm×12cm，宽20mm的魔术贴（白色）9.5cm

28：皮革（黑色）10cm×10cm，弹簧四合扣（直径10mm 镀镍）2组

29：和麻纳卡 eco-ANDARIA 黑色（30）6g、米色（23）5g（各1团），直径14mm的子母扣 2组

钩针5/0号

[成品尺寸]

宽10cm

[编织密度]

29：10cm×10cm面积内：短针配色花样22针，19行

[编织要点]

27、28：

●分别参照图示缝制。

29：

●主体钩织20针锁针起针，参照图示无须加减针按短针配色花样钩织17行。接着在周围环形钩织1行边缘。最后在指定位置缝上子母扣。

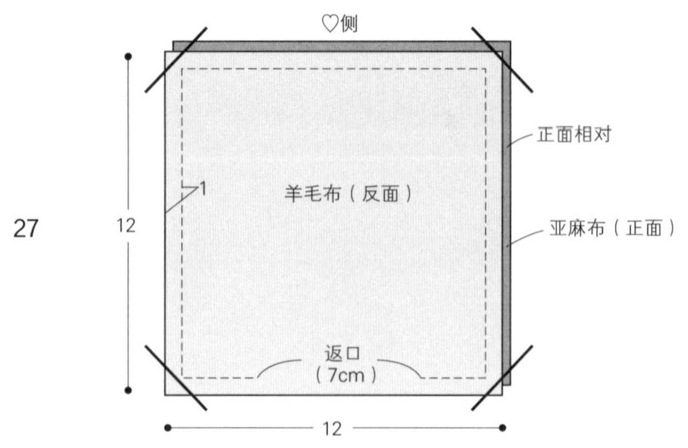

27
♡侧
正面相对
1
12
羊毛布（反面）
亚麻布（正面）
返口
（7cm）
12
①将羊毛布与亚麻布正面朝内对齐，留出返口缝合。
修剪四个角后翻回正面，用熨斗烫平整，再缝合返口。

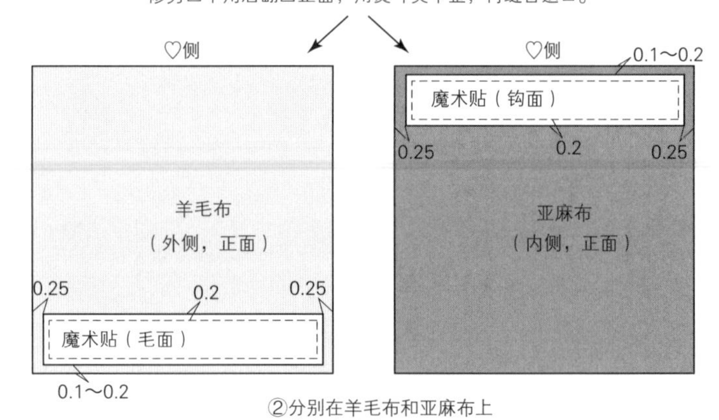

♡侧
♡侧
0.1～0.2
魔术贴（钩面）
0.25
0.2
0.25
羊毛布
（外侧，正面）
亚麻布
（内侧，正面）
0.25
0.2
0.25
魔术贴（毛面）
0.1～0.2
②分别在羊毛布和亚麻布上
缝上魔术贴。
♡侧

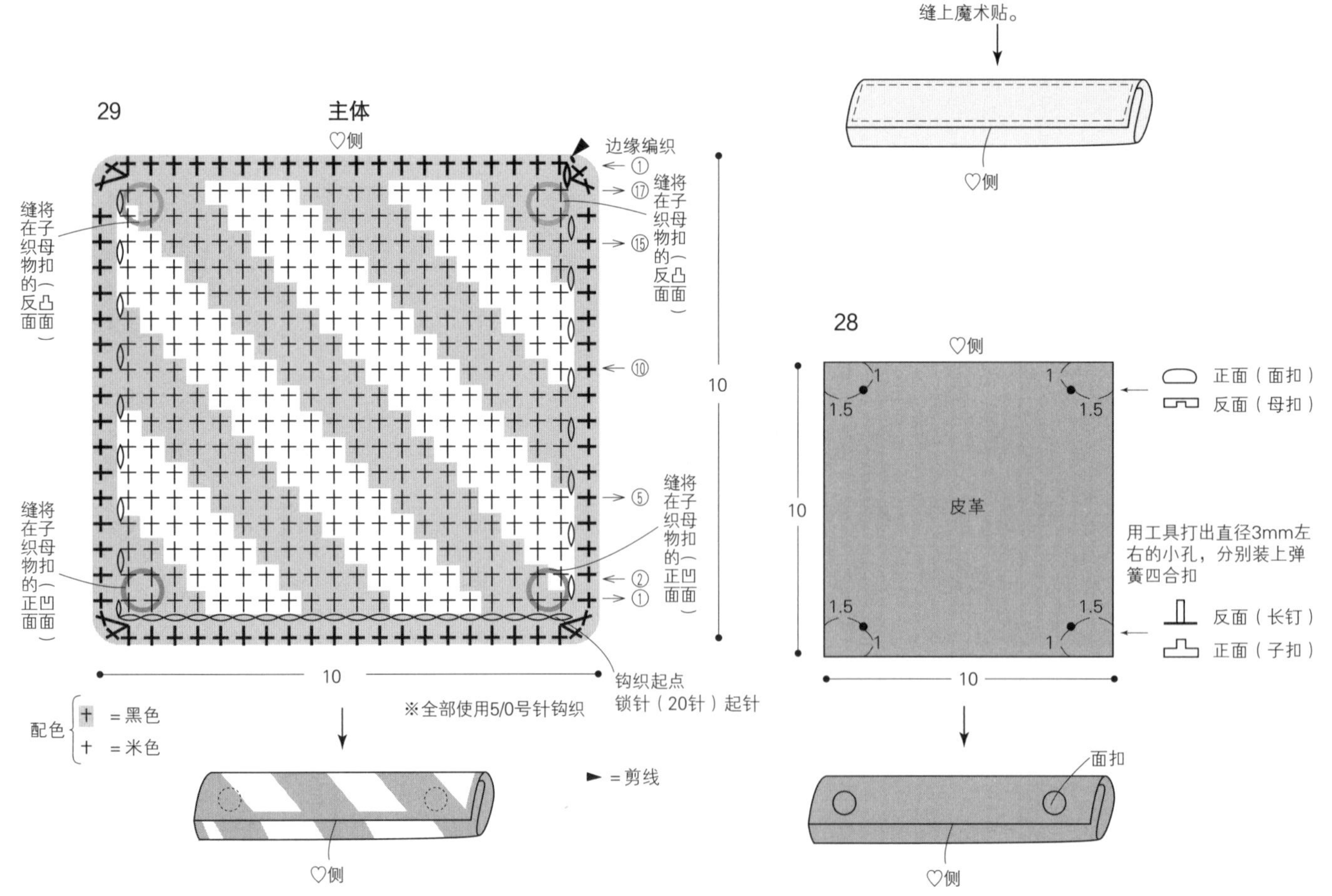

29
主体
♡侧
边缘编织
①
⑰
⑮
⑩
⑤
②
①
缝在子母扣的凸面（反面）
缝在子母扣的凸面（反面）
缝在子母扣的凹面（正面）
缝在子母扣的凹面（正面）
10
10
钩织起点
锁针（20针）起针
配色
= 黑色
= 米色
※全部使用5/0号针钩织
= 剪线
♡侧
28
♡侧
1
1
1.5
1.5
正面（面扣）
反面（母扣）
10
皮革
用工具打出直径3mm左右的小孔，分别装上弹簧四合扣
1.5
1.5
1
1
反面（长钉）
正面（子扣）
10
面扣
♡侧

33 毛皮饰边 图片 » p.35

[材料和工具]

芭贝 Pelage 褐色（2317）38g（1团）
棒针12号（60cm以下的环形针）

[成品尺寸]

开口周长72cm，深14cm

[编织密度]

10cm×10cm面积内：下针编织、上针编织均为12.5针，17行

[编织要点]

●主体用手指挂线起针的方法起90针，连接成环形。参照图示无须加减针编织12行上针。将指定位置饰带部分的17针（♥）移至其他针上（或者穿入另线）暂停编织。第13行编织下针，在休针位置做17针卷针起针，继续编织下针至第24行。编织终点做伏针收针。

●在第12行的休针处加入新线，两端将3针做伏针收针，从中心挑取11针，做10行上针编织作为饰带，编织终点做伏针收针（2处）。

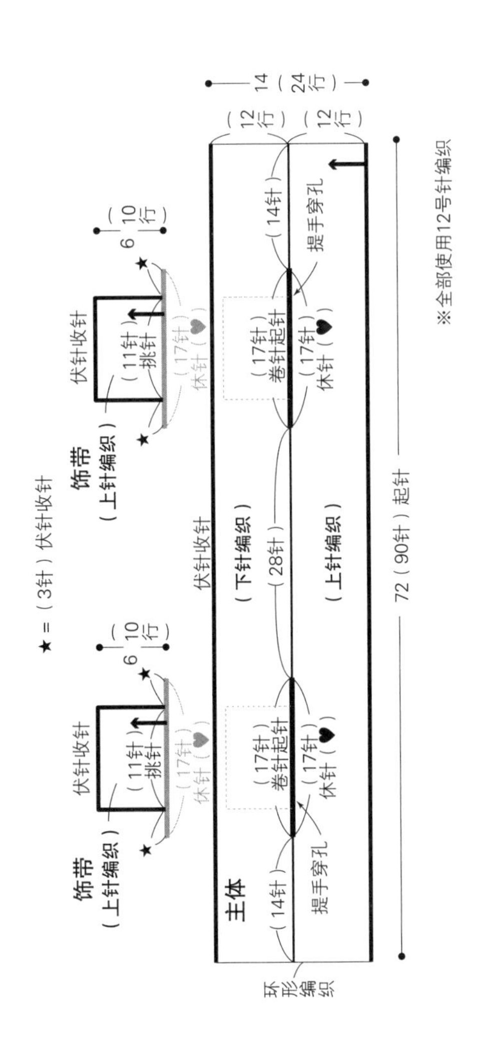
14（24行）
（12行）
（12行）
伏针收针
（11针）挑针
（17针）休针（♥）
6（10行）
饰带（上针编织）
★=（3针）伏针收针
（17针）卷针起针
（17针）休针（♥）
（14针）
提手穿孔
伏针收针
（下针编织）
（28针）
（上针编织）
72（90针）起针
主体
环形编织
※全部使用12号针编织

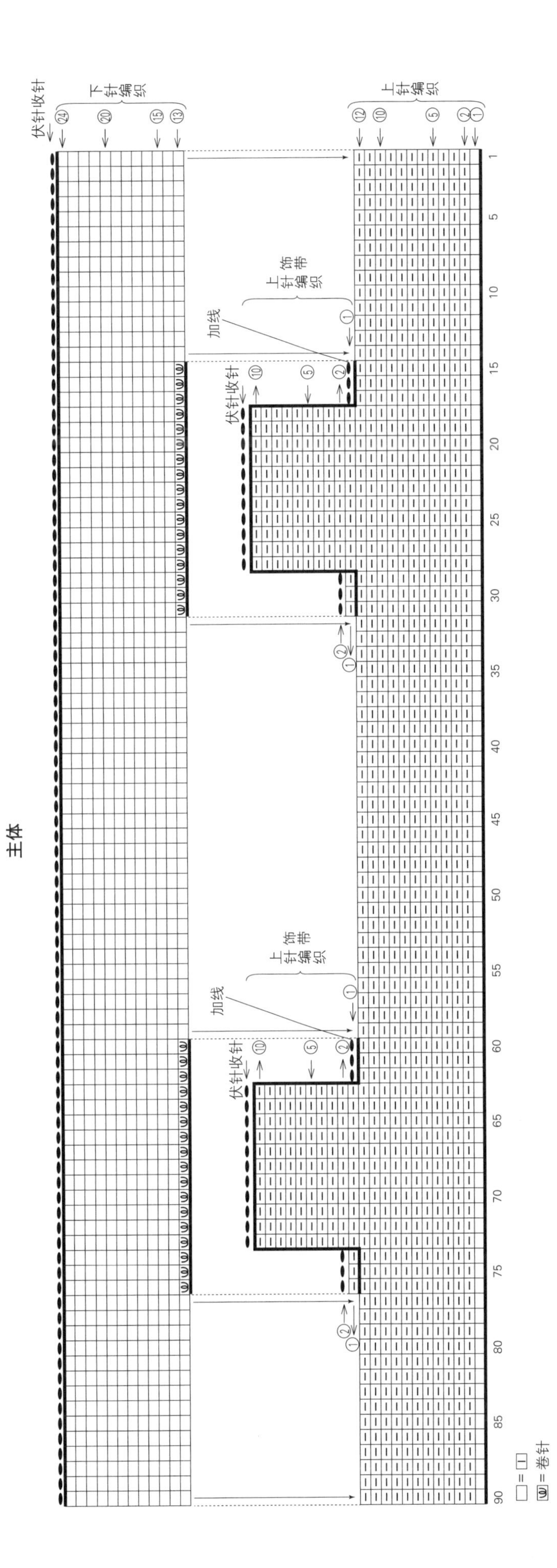
伏针收针
下针编织
上针编织
饰带 上针编织
加线
伏针收针
主体
□=□
Ⓤ=卷针

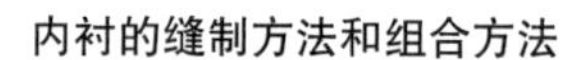

内衬的缝制方法和组合方法

※接p.75

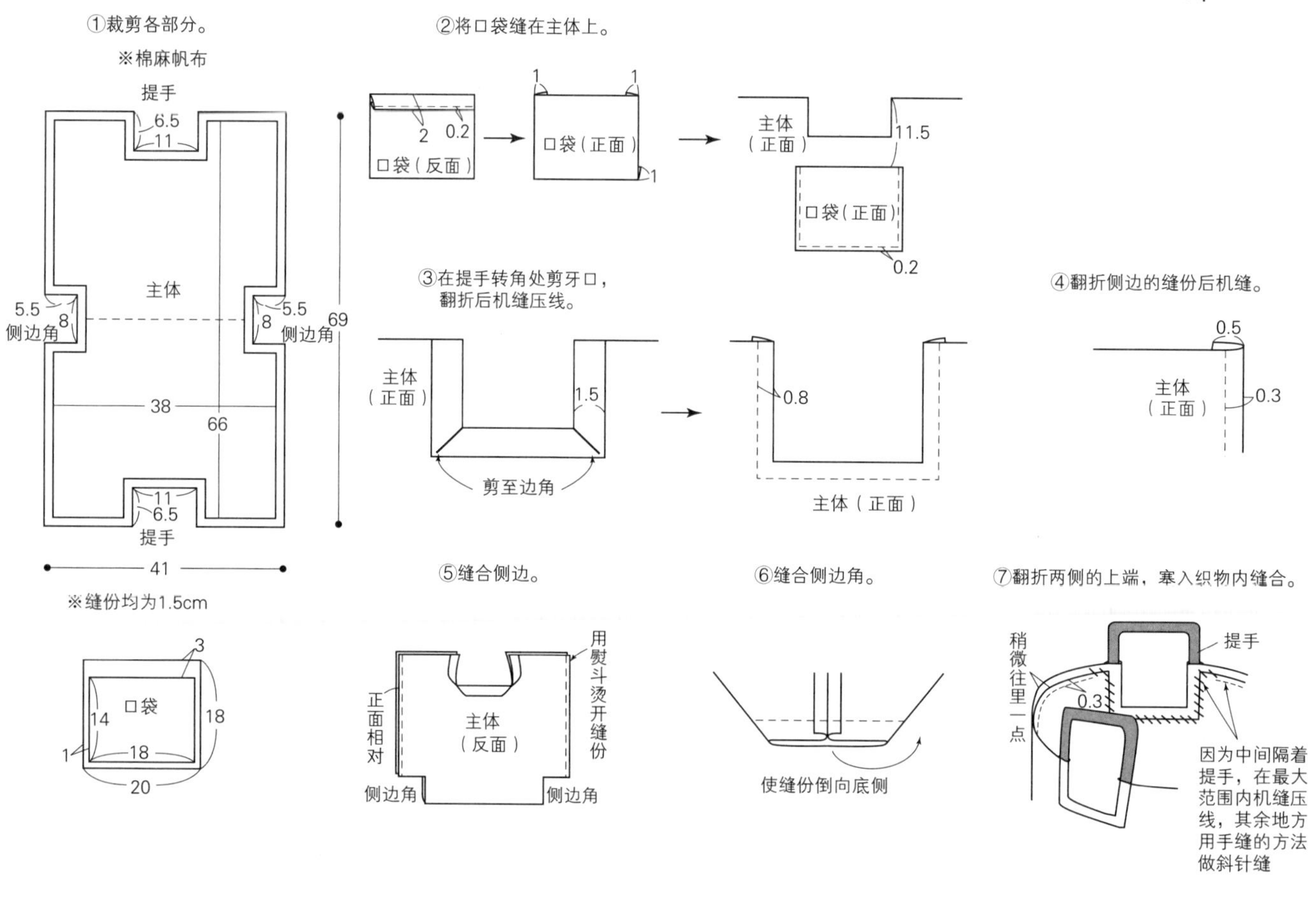
①裁剪各部分。
※棉麻帆布
提手
6.5
11
主体
5.5
侧边角
8
69
38
66
提手
41
※缝份均为1.5cm
3
口袋
14
18
1
20
②将口袋缝在主体上。
2
0.2
口袋（反面）
口袋（正面）
主体
（正面）
11.5
0.2
③在提手转角处剪牙口，
翻折后机缝压线。
1.5
剪至边角
0.8
主体（正面）
④翻折侧边的缝份后机缝。
0.5
0.3
⑤缝合侧边。
用熨斗烫开缝份
正面相对
主体
（反面）
侧边角
⑥缝合侧边角。
使缝份倒向底侧
⑦翻折两侧的上端，塞入织物内缝合。
稍微往里一点
提手
因为中间隔着提手，在最大范围内机缝压线，其余地方用手缝的方法做斜针缝

内衬的缝制方法和组合方法

※接p.81

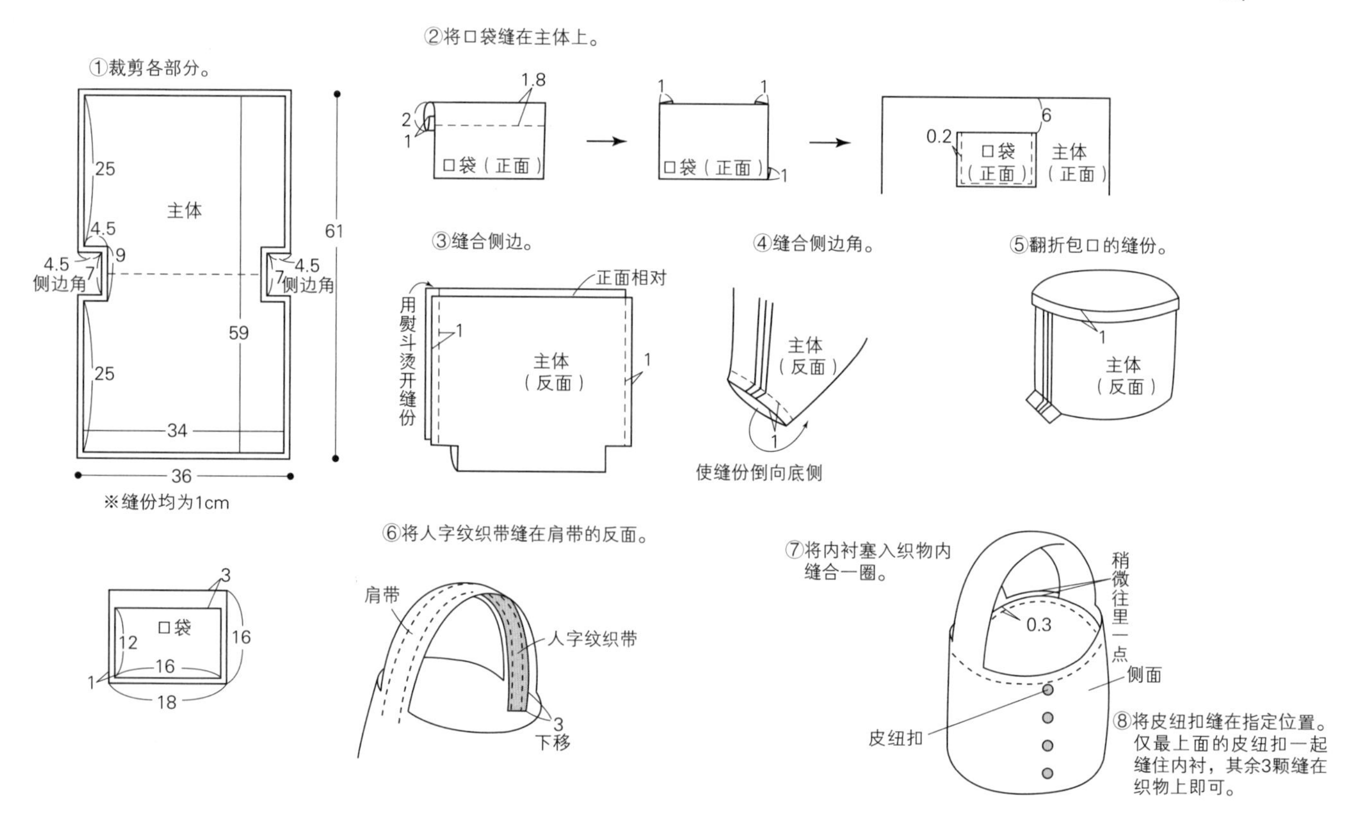
①裁剪各部分。
主体
25
4.5
9
4.5
侧边角
7
61
59
34
36
※缝份均为1cm
3
口袋
12
16
1
18
②将口袋缝在主体上。
1.8
2
1
口袋（正面）
6
0.2
主体
（正面）
③缝合侧边。
正面相对
用熨斗烫开缝份
主体
（反面）
④缝合侧边角。
主体
（反面）
使缝份倒向底侧
⑤翻折包口的缝份。
⑥将人字纹织带缝在肩带的反面。
肩带
人字纹织带
3
下移
⑦将内衬塞入织物内
缝合一圈。
稍微往里一点
0.3
侧面
皮纽扣
⑧将皮纽扣缝在指定位置。
仅最上面的皮纽扣一起
缝住内衬，其余3颗缝在
织物上即可。

钩针编织基础

准备的工具

- 钩针…标注了作品中使用的针号，也可以根据自己手的松紧度调整针号。
- 缝针…用于线头处理等。请根据线的粗细准备合适的缝针。
- 剪刀…建议使用头部尖细、比较锋利的手工专用剪刀。
- 编织专用记号扣…用作针目的标记非常方便。也可以用蕾丝线等代替。

挂线方法和持针方法

左手（挂线方法）

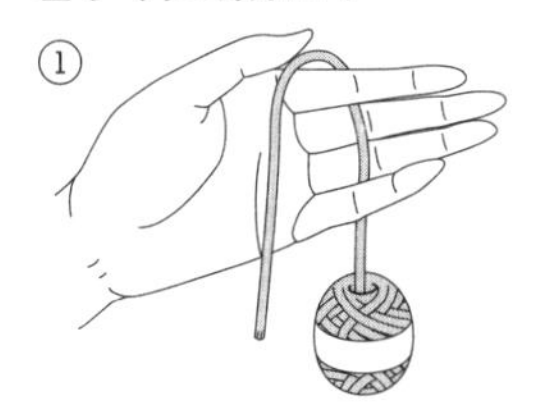
①

将线夹在左手中间2根手指的内侧，线团放在手指的外侧。

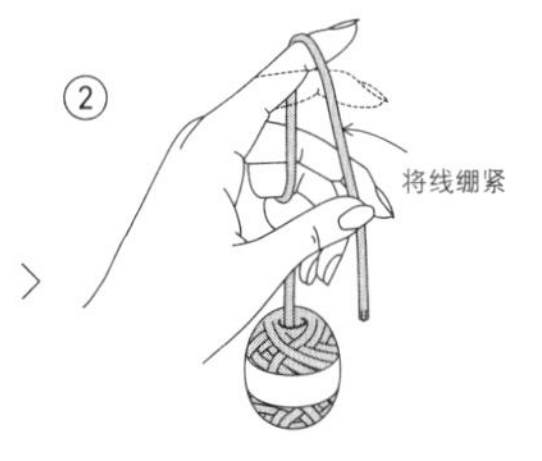
②
将线绷紧

用拇指和中指捏住线头，竖起食指将线绷紧。

右手（持针方法）

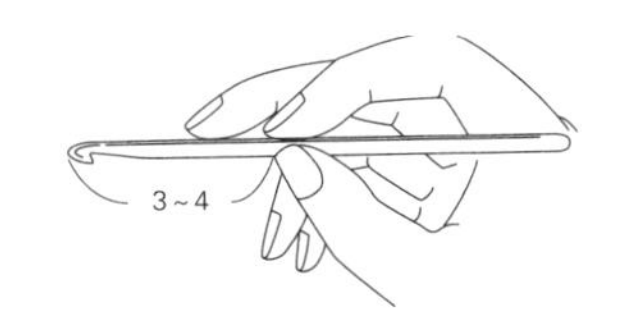
3～4

用右手拇指和食指轻轻地捏住钩针，再放上中指（不方便编织时，也可以用手掌握住钩针编织）。

编织图的看法

编织图表示的是从正面看到的织物状态，将针目直接转换成针法符号。由于实际编织时基本上都是从右往左编织，所以往返编织时要交替看着织物的正、反面编织。当一行起点立织的锁针位于右侧时，表示该行是从正面编织；当立织的锁针位于左侧时，表示该行要翻转织物从反面编织。

环形编织时，通常是一直看着正面编织。但是，也有每行改变方向编织的情况，这时就要注意立织锁针的方向。

因为针目出现在钩针的下方，所以编织图是从下往上编织的（环形编织时，由中心往外侧编织）。就像连笔画一样，从编织起点位置开始，只要依照顺序按符号编织即可。

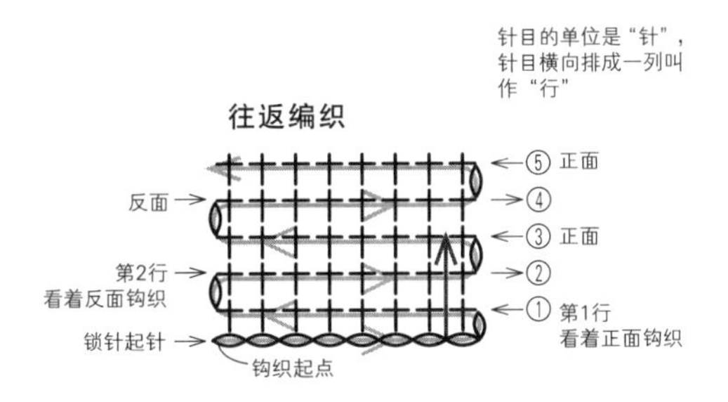
针目的单位是“针”，针目横向排成一列叫作“行”
往返编织
⑤ 正面
反面
④
③ 正面
第2行
看着反面钩织
②
① 第1行
看着正面钩织
锁针起针
钩织起点

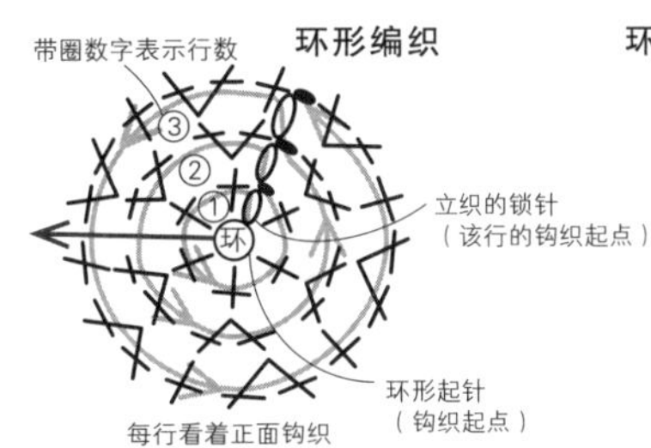
带圈数字表示行数
环形编织
③
②
①
环
立织的锁针
（该行的钩织起点）
环形起针
（钩织起点）
每行看着正面钩织

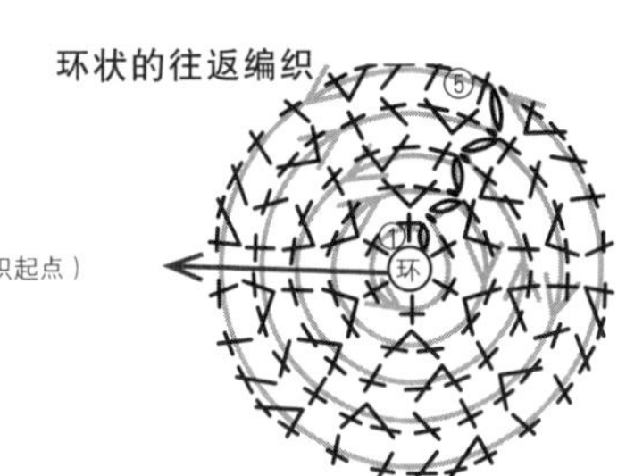
环状的往返编织
⑤
环
根据立织的锁针方向可以判断朝哪个方向钩织
（奇数行看着正面钩织，偶数行看着反面钩织）

针法符号的看法（针法符号的含义）

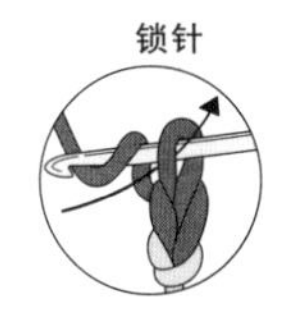
锁针

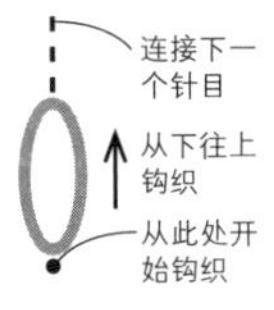
连接下一个针目
从下往上钩织
从此处开始钩织

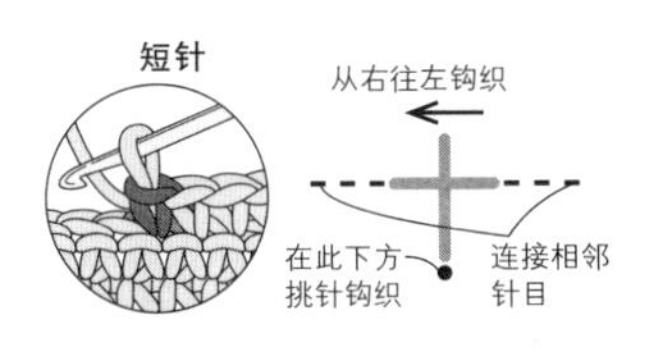
短针
从右往左钩织
在此下方挑针钩织
连接相邻针目

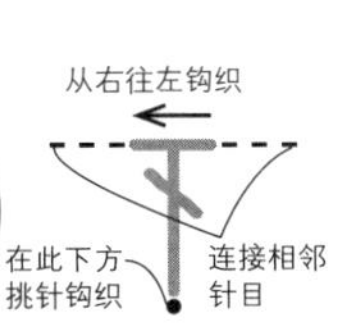
长针
从右往左钩织
在此下方挑针钩织
连接相邻针目

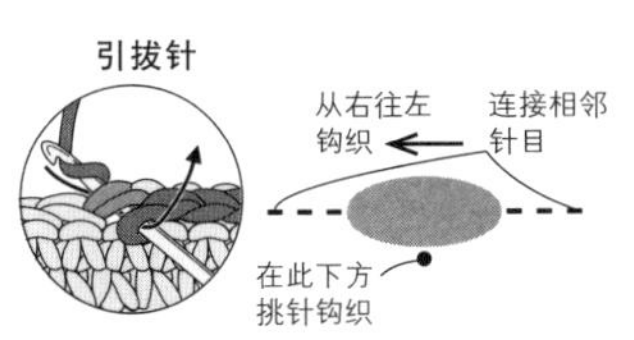
引拔针
从右往左钩织
连接相邻针目
在此下方挑针钩织

针目的高度和“起立针”

除了锁针和引拔针之外，钩针编织的针目均以不同高度相互区别。在一行的起点不能直接钩织有一定高度的针目，首先要钩织锁针至相同高度。这部分锁针就叫作“起立针”。

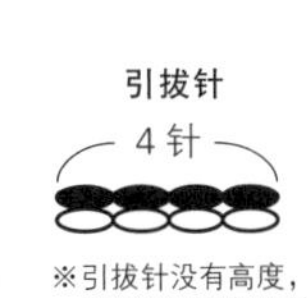
引拔针
4针

※引拔针没有高度，所以不需要起立针

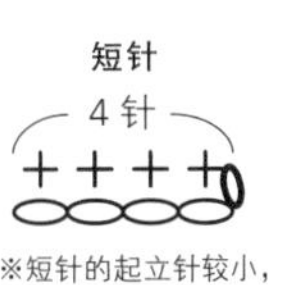
短针
4针

※短针的起立针较小，而且不稳定，所以不计为1针

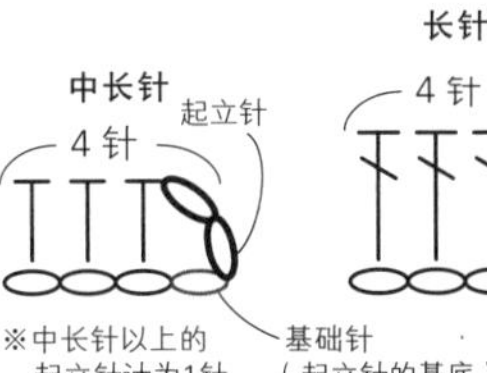
中长针
4针
起立针
长针
4针
基础针
（起立针的基底）

※中长针以上的起立针计为1针

关于编织密度

编织密度关乎针目的大小。即使用相同的线编织，手的松紧度不同也会影响编织密度。如果想按书上的尺寸编织，就要在正式编织作品前先试编样片测量编织密度，调整针号，尽量与书上的编织密度保持一致。

针数与行数的数法

针目由“头部”和“根部”构成。注意正面和反面看到的针目状态是不一样的。

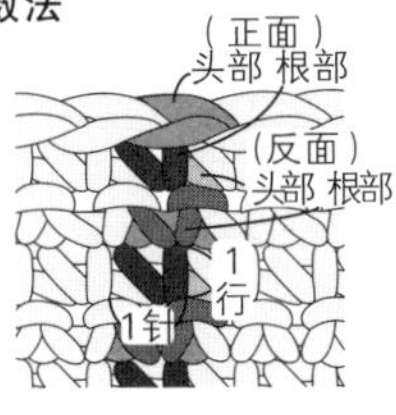
（正面）
头部 根部
（反面）
头部 根部
1行
1针

编织密度的测量方法

试编15cm×15cm左右的织片，然后测量横向10cm内有几针，纵向10cm内有几行。

编织密度的调整方法

【针数与行数比指定编织密度多的情况】

针目比较紧实，成品会变小→换成粗一点的针编织

【针数与行数比指定编织密度少的情况】

针目比较疏松，成品会变大→换成细一点的针编织

钩针编织的针法符号和编织方法

即使针数等发生变化，针法符号的思路是相通的。若干符号组合在一起时，请参照具体的符号钩织。

㊊ 环形起针（用线头制作线环）

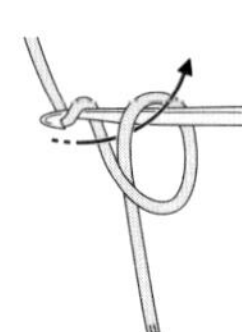

①用线头制作线环，捏住交叉处在线环中插入钩针，接着针头挂线（参照“锁针”步骤①），然后拉出。

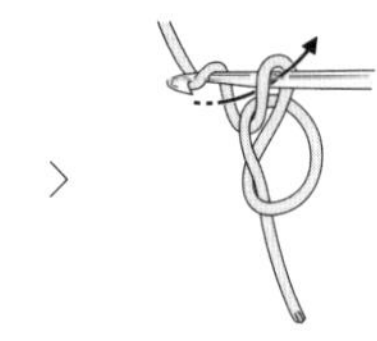

②不要收紧线环，在松松的状态下立织1针锁针。

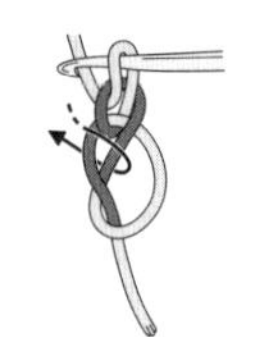

③接着在线环中插入钩针，挑起2根线钩织第1针（此处为短针）。

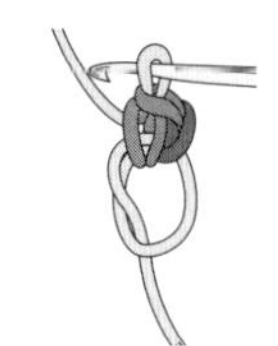

④1针短针完成。继续在线环中钩织第1行，然后拉动线头收紧线环。

● 引拔针

※辅助性的钩织方法，也用于针目与针目之间的连接等

针头挂线后一次性拉出。

○ 锁针

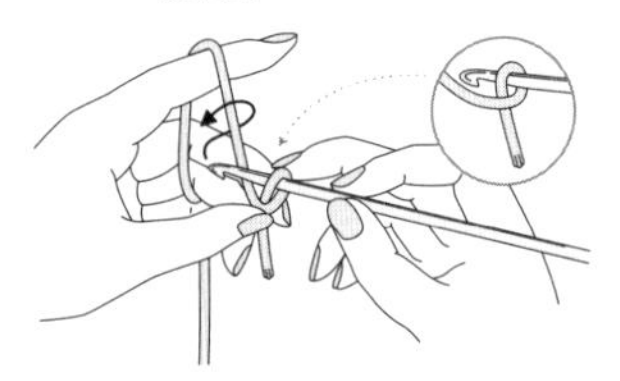

①如图所示用线头制作线环，捏住线环的交叉处，如箭头所示转动针头挂线。

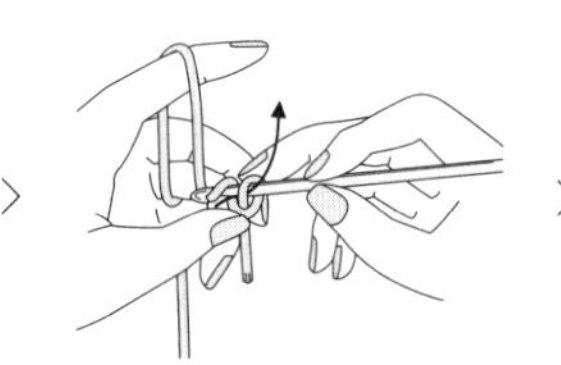

②从线环中将针头的挂线拉出。

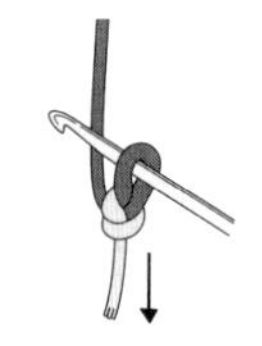

③拉动线头，收紧线环。此针为起始针，不计入针数。

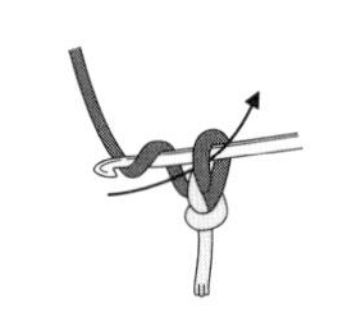

④针头挂线，从针上的线圈中拉出。

1针锁针

⑤1针锁针完成。按相同要领继续钩织。

锁针起针…钩织其他针目的基底。注意不要钩得太紧。

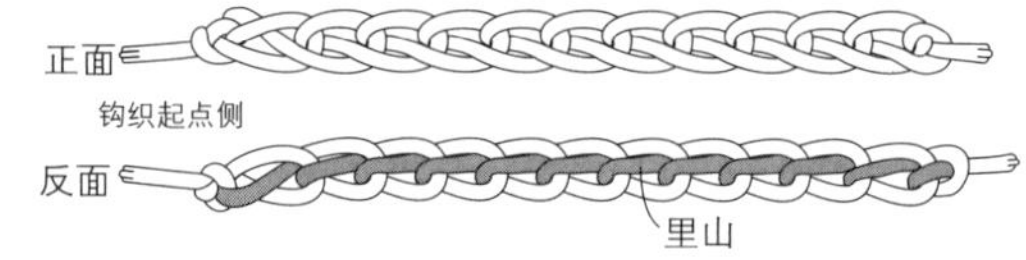
正面
钩织起点侧
反面
里山

锁针的挑针方法…有3种挑针方法。除特别指定外，可以使用任何一种方法挑针。

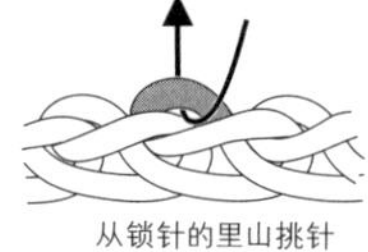

从锁针的里山挑针

从锁针的半针和里山挑针

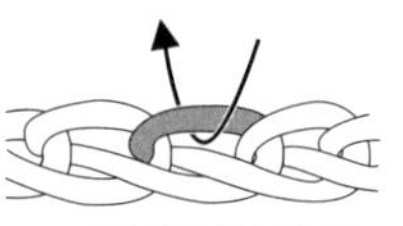

从锁针的半针里挑针

十(✕) 短针

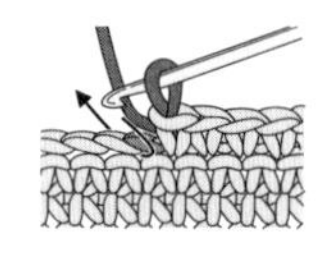

①在前一行针目的头部2根线里插入钩针。

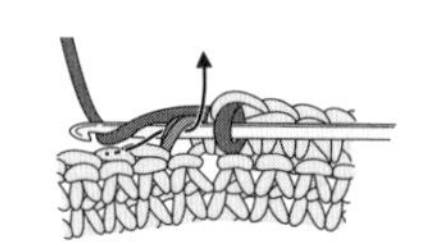

②针头挂线，将线拉出至1针锁针的高度。

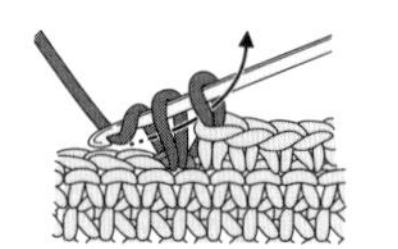

③再次挂线，一次性引拔穿过2个线圈。

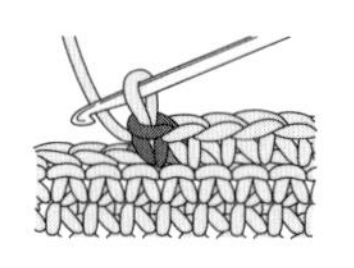

④1针短针完成。

未完成的针目

在针目做最后的引拔操作前，留在针上的线圈状态叫作“未完成的针目”，常用于减针和钩织枣形针等情况。

未完成的短针

未完成的中长针

未完成的长针

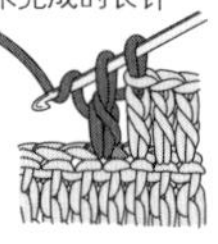

T 中长针

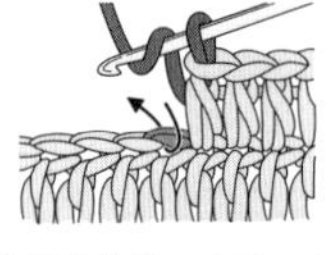

①针头挂线，在前一行针目的头部2根线里插入钩针。

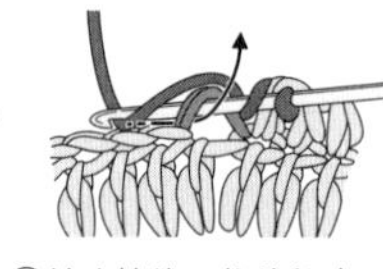

②针头挂线，将线拉出至2针锁针的高度。

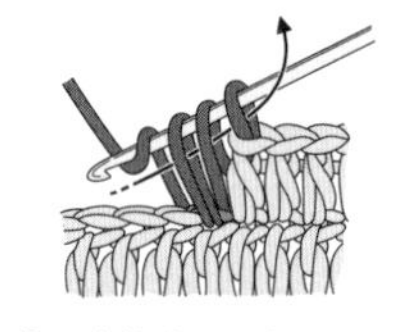

③再次挂线，一次性引拔穿过3个线圈。

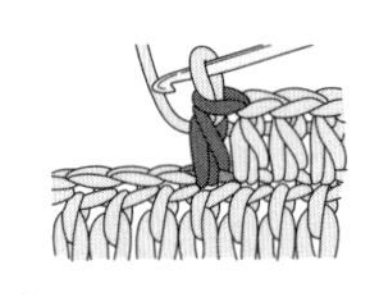

④1针中长针完成。

长针

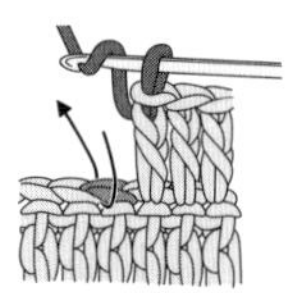

①针头挂线，在前一行针目的头部2根线里插入钩针。

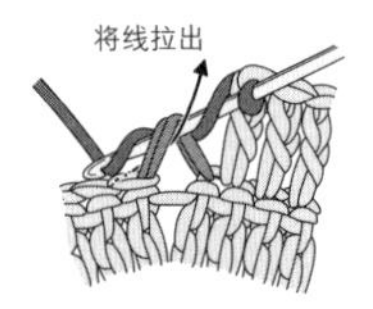
将线拉出

②针头挂线，将线拉出至2针锁针的高度。

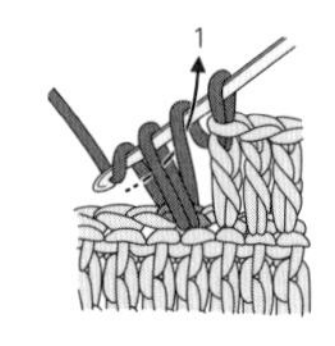
1

③再次挂线，引拔穿过针上的2个线圈。

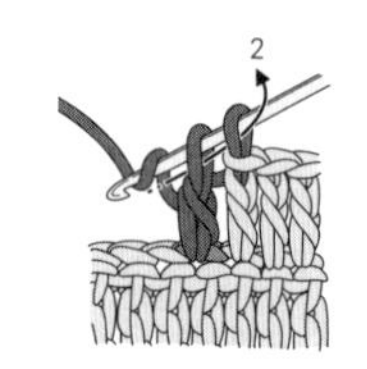
2

④再次挂线，引拔穿过剩下的2个线圈。

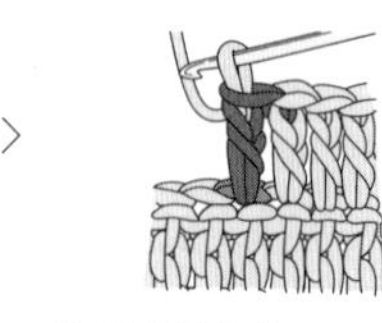

⑤1针长针完成。

长长针

・斜线表示一开始在针上绕线的圈数

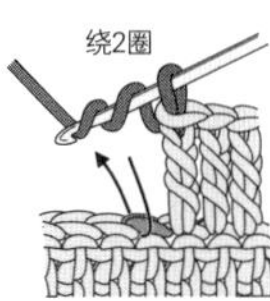
绕2圈

①在针上绕2圈线，在前一行针目的头部2根线里插入钩针。

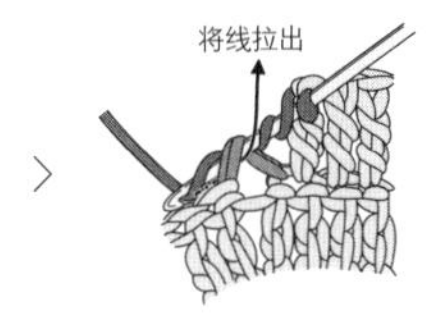
将线拉出

②针头挂线，将线拉出至2针锁针的高度。

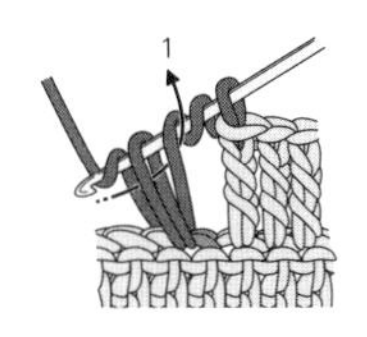
1

③针头挂线，引拔穿过针上的2个线圈。

2

④再次挂线，引拔穿过针上的2个线圈。

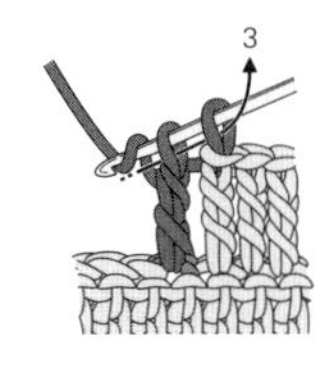
3

⑤再次挂线，引拔穿过剩下的2个线圈。

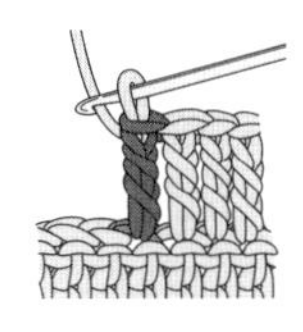

⑥1针长长针完成。

3卷长针

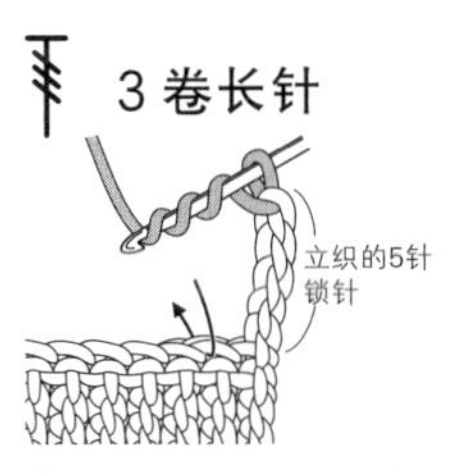
立织的5针
锁针

①在针上绕3圈线，在前一行针目的头部2根线里插入钩针。

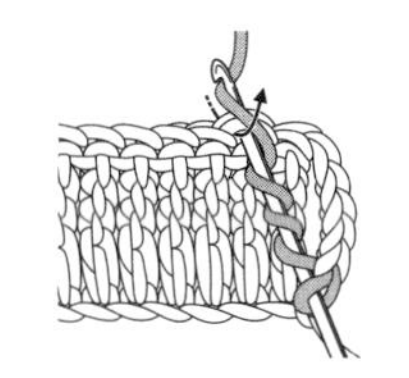

②针头挂线，将线拉出至2针锁针的高度。

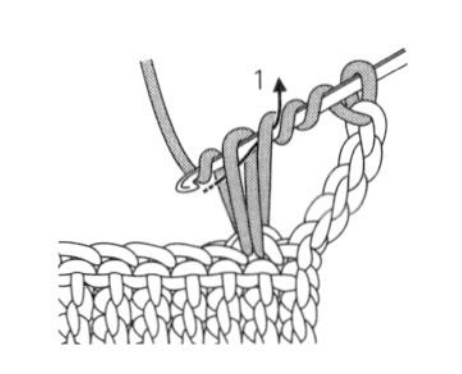
1

③针头挂线，引拔穿过针上的2个线圈。

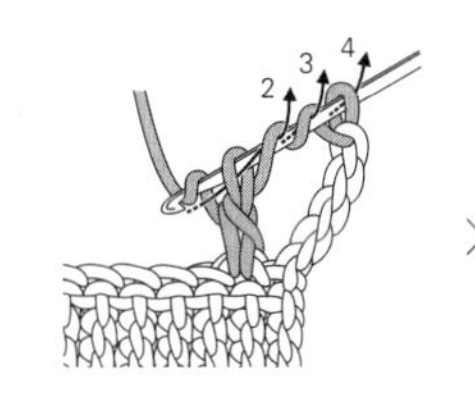
2
3
4

④再重复3次“针头挂线，引拔穿过针上的2个线圈”。

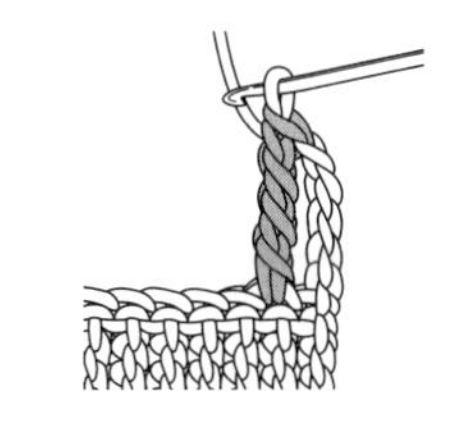

⑤1针3卷长针完成。

3针长针的枣形针

・在同一个针目里钩织多个未完成的针目，再一次性引拔

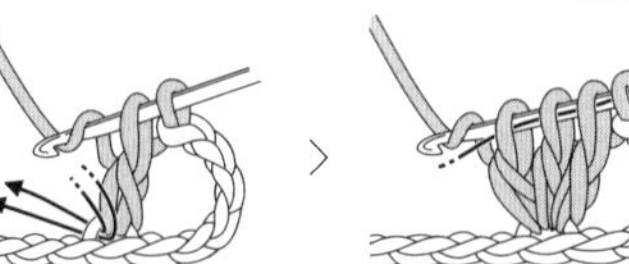

①钩织未完成的长针，接着在同一个针目里再钩织2针未完成的长针。

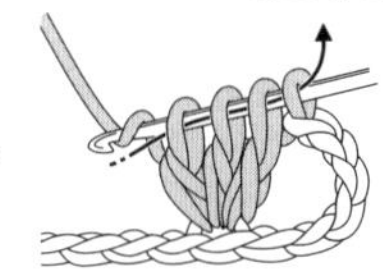

②3针未完成的长针结束后，针头挂线，一次性引拔穿过针上的4个线圈。

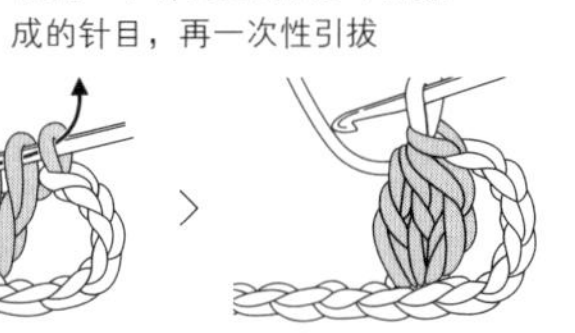

③3针长针的枣形针完成。

变化的3针中长针的枣形针

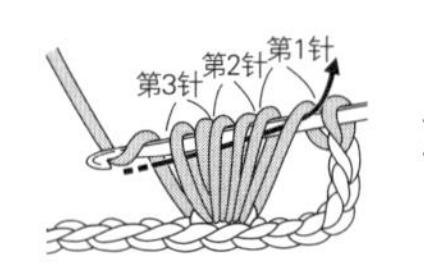
第3针
第2针
第1针

①钩织3针未完成的中长针，接着针头挂线，一次性引拔穿过针上的6个线圈（留出最右边的线圈）。

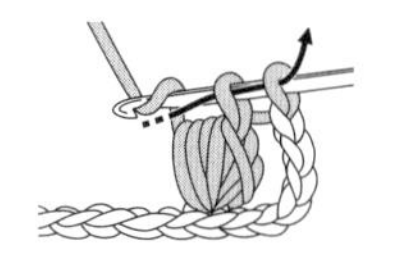

②针头再次挂线，引拔穿过剩下的2个线圈。

③变化的3针中长针的枣形针完成。

变化的1针长针右上交叉

・交叉钩织，使符号断开的针目位于下方（后面）

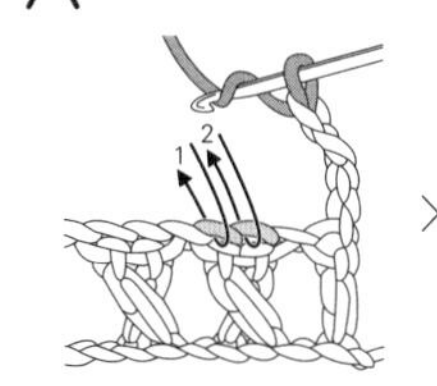
1
2

①在针目1里钩织长针，接着针头挂线，在针目2里插入钩针。

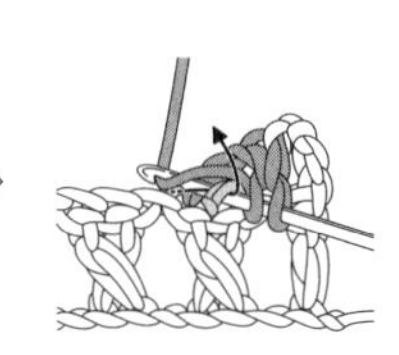

②从针目1里已钩织长针的前面在针头挂线，将线拉出至前面。

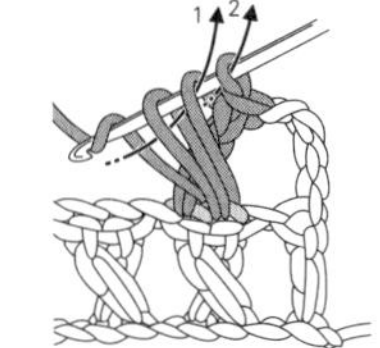
1
2

③针头挂线，依次引拔穿过针上的2个线圈（钩织长针）。

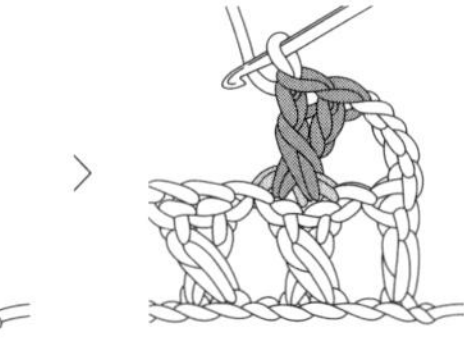

④变化的1针长针右上交叉完成。

1针放2针短针（加针）

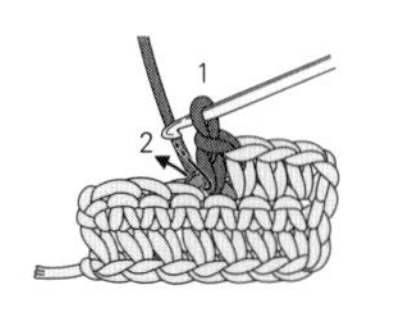
1
2

①先钩织1针短针，在同一个针目里再钩织1针短针。

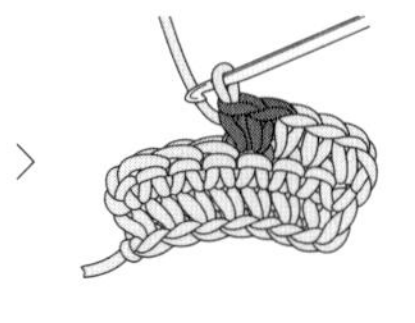

②在同一个针目里钩入了2针短针。

长针的正拉针

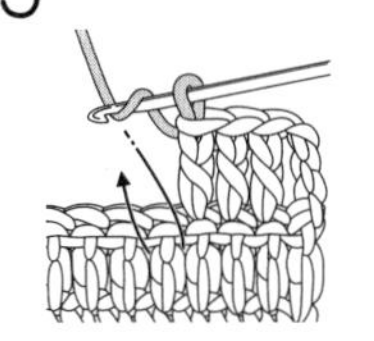

①针头挂线，从前面插入钩针，在符号的钩子（ ʖ ）所在针目的整个根部挑针。

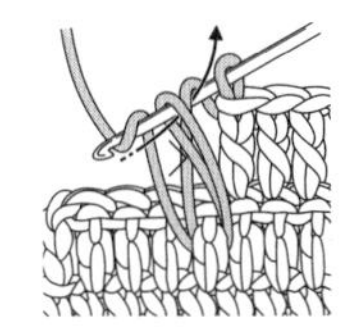

②针头挂线后长长地拉出。再次挂线，引拔穿过针上的2个线圈。

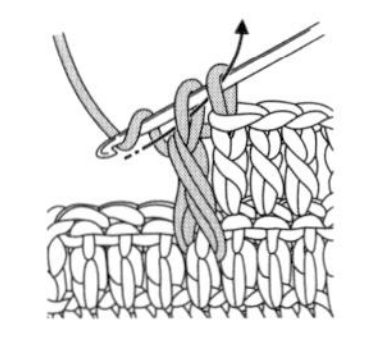

③针头再次挂线，引拔穿过剩下的2个线圈（钩织长针）。

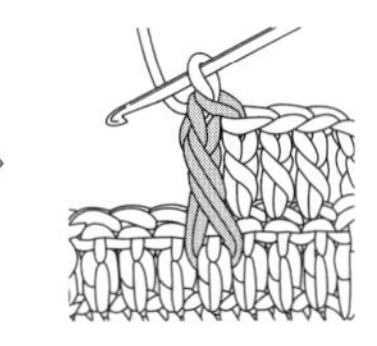

④长针的正拉针完成。

2针短针并1针（减针）

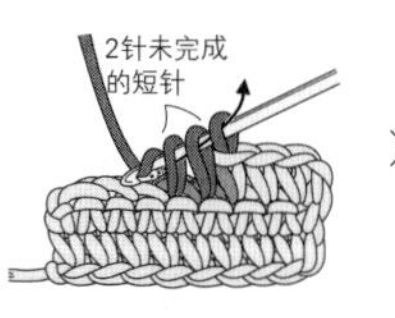
2针未完成
的短针

①针头挂线后拉出，再在下个针目里挂线拉出（2针未完成的短针）。针头挂线，一次性引拔穿过针上的3个线圈。

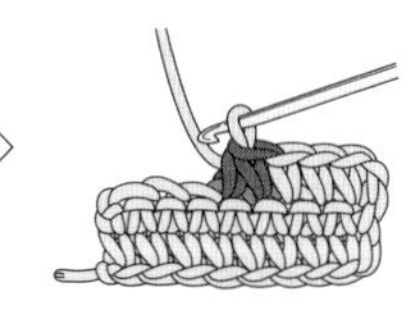

②2针并作了1针，2针短针并1针完成。

短针配色花样（包住横向渡线钩织）

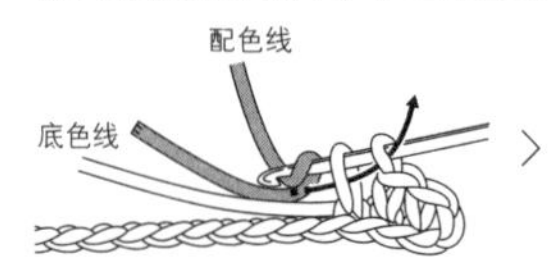
配色线
底色线

①在配色前一针短针做最后的引拔时，换成配色线。

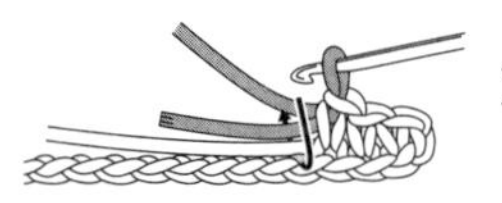

②连同配色线的线头和底色线一起挑针，在针头挂上配色线拉出。

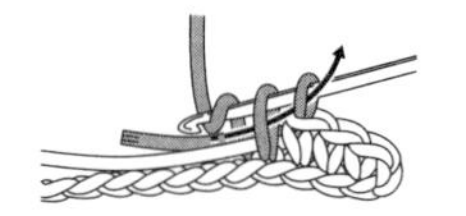

③包住配色线的线头和底色线，用配色线钩织短针。

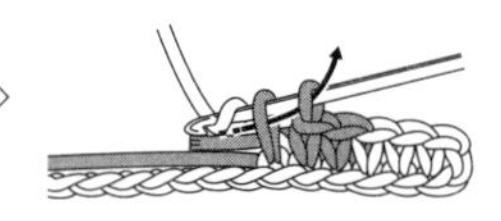

④在配色线最后一针引拔时，换成底色线。

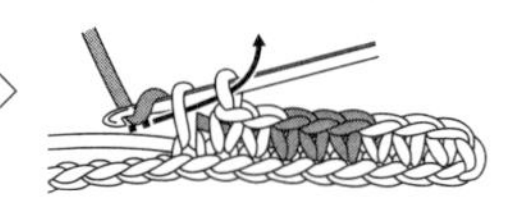

⑤下一次换成配色线时也与步骤①一样换线。按相同要领一边换线一边继续钩织。

卷针缝合

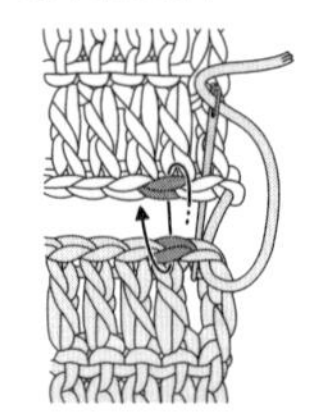

将2片织物正面朝上对齐，如箭头所示依次在最后一行针目的头部2根线里挑针，将线拉紧。

钩织短针连接花片（短针接合）

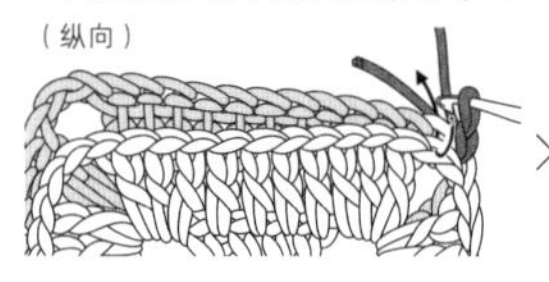
（纵向）

①将花片正面朝外对齐，从转角的针目开始连接。依次在最后一行针目的后面半针里插入钩针。

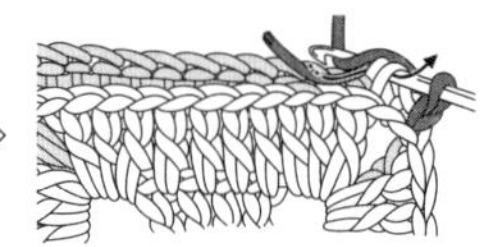

②钩织短针连接。

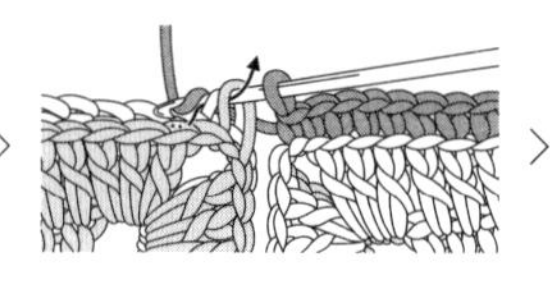

③接下来的花片也用相同方法连接。

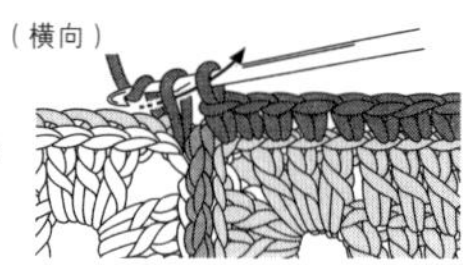
（横向）

④横向也用相同方法连接。转角的针目做连接时，在纵向连接的相同针目里挑针钩织。

罗纹针

・通常是将线头挂在针上，有时也会用其他线作为挂线

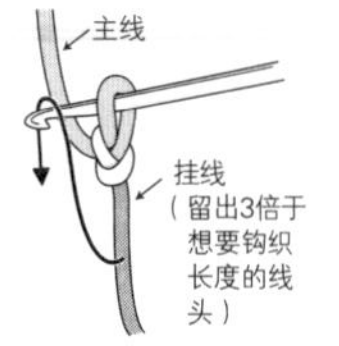
主线
挂线
（留出3倍于
想要钩织
长度的线
头）

①留出所需长度的线头，钩织锁针的起始针。如箭头所示将线头挂在针上。

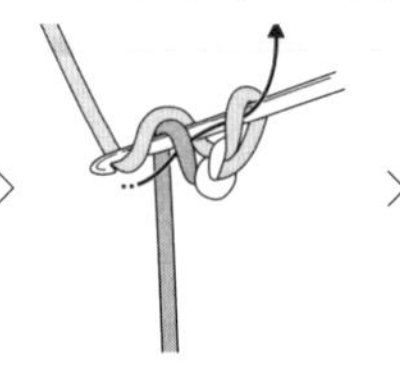

②针头挂线，连同线头一起引拔（锁针）。

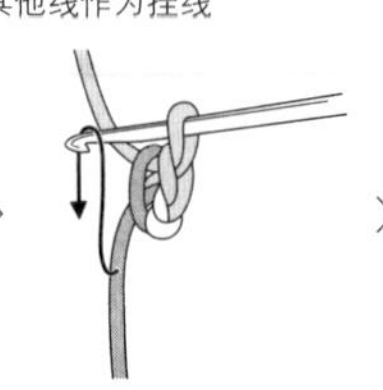

③1针完成。下一针也将线头从前往后挂在针上。

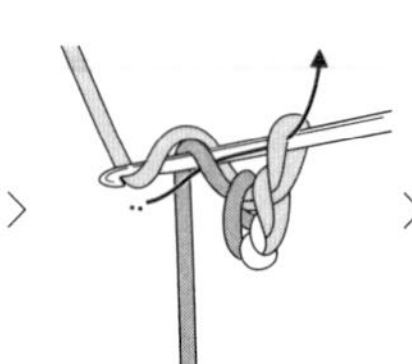

④一起引拔钩织锁针。

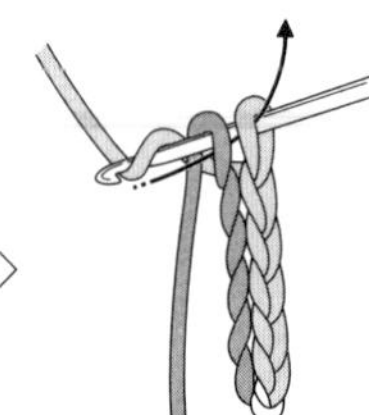

⑤重复步骤③、④继续钩织，结束时从锁针里将线拉出。

棒针编织基础

棒针的持针方法（法式）

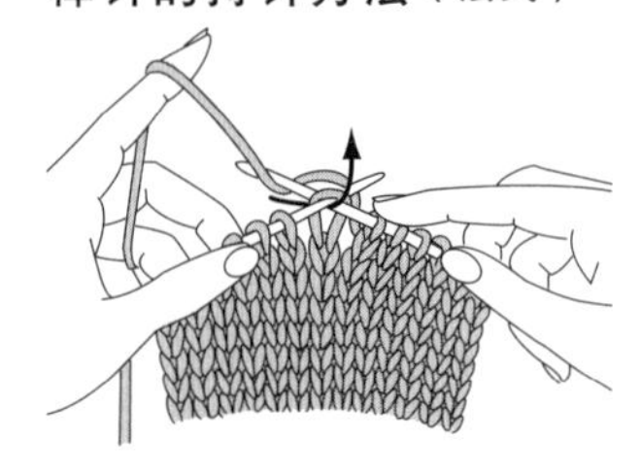

用拇指和中指持针，无名指和小指自然放在边上。右手的食指也自然地放在针上，调节棒针的出针方式，或者压住边上的针目以免从棒针上脱落。用整个手掌握住织物。

编织图的看法　下针编织…织物全部由下针组成

往返编织时，从正面编织的行按符号编织下针，从反面编织的行则编织与符号相反的上针。环形编织时总是看着正面编织，所以按符号编织即可。

符号图

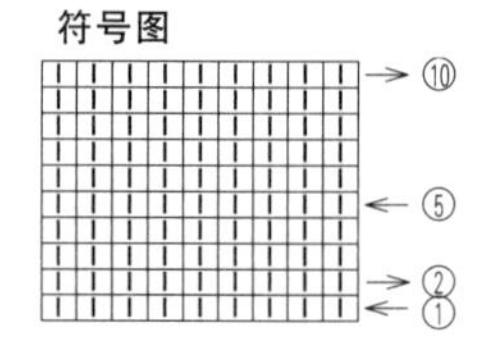
⑩
⑤
②
①

实际编织时的针法

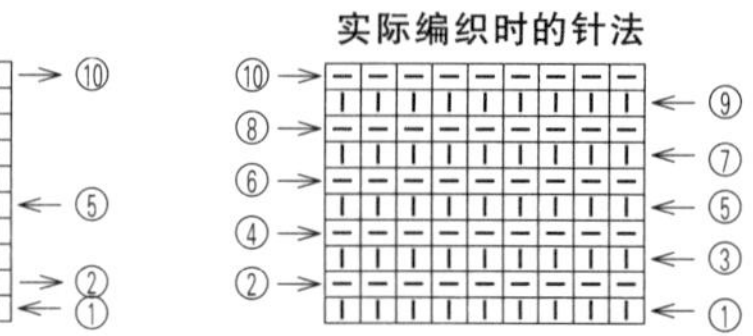
⑩
⑧
⑥
④
②
⑨
⑦
⑤
③
①

共线锁针起针

①用钩针钩织所需针数的锁针，将最后一针移至棒针上。移过来的针目就是第1针。

②在第2个里山插入棒针，如箭头所示将线拉出。此时织物形成转角。

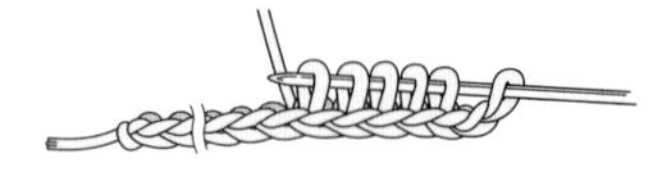

③接着依次从每个里山挑出1针。挑出的这行针目计为第1行。

将起针连接成环形

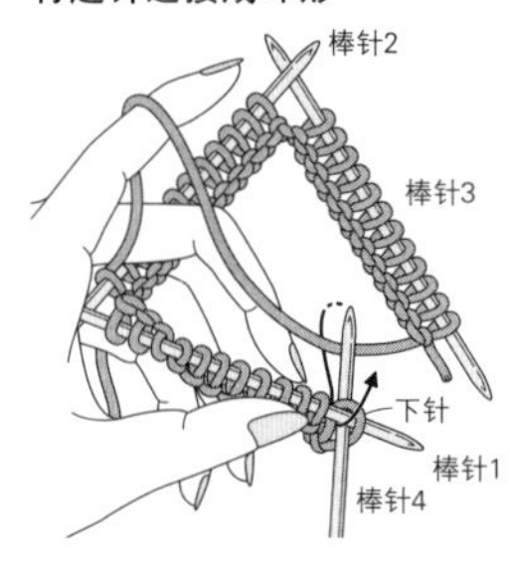
棒针2
棒针3
下针
棒针1
棒针4

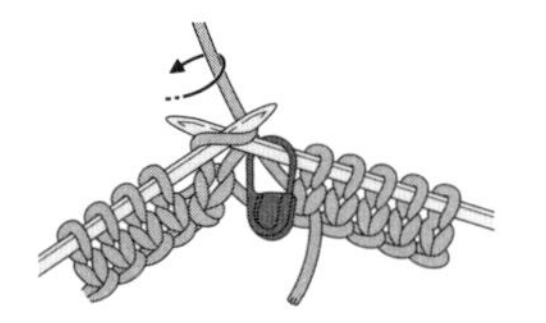

使用4根棒针编织时，将起针的针目分到3根棒针上，再用第4根棒针编织最初的针目。使用环形针编织时，直接开始环形编织。为了明确每行的交界处，可以放入编织专用记号扣。

挑针缝合

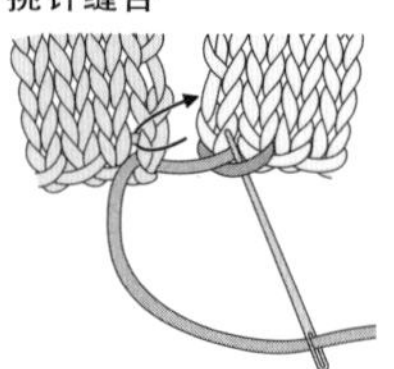

①用缝针在左右2片织物的起针线上挑针。

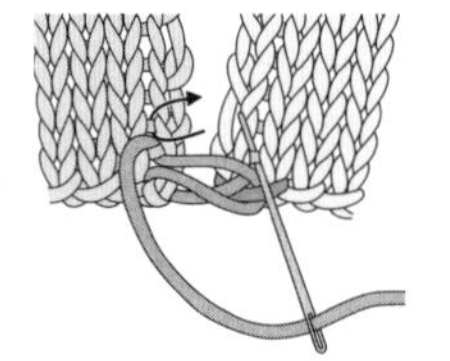

②在边针内侧的渡线上交替逐行挑针，将线拉紧。

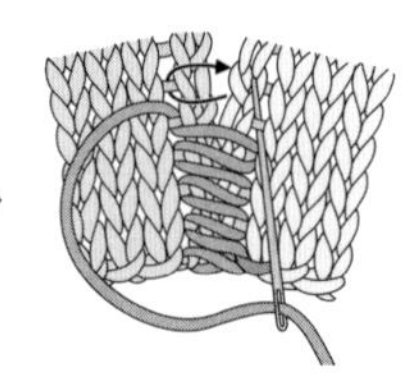

③重复步骤②。缝合线拉至看不到线迹为止，注意不要拉得太紧。

手指挂线起针

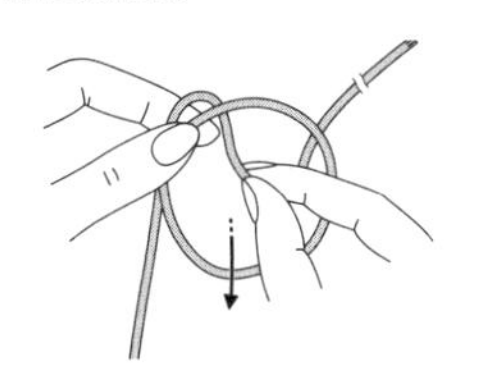
①留出3倍于编织宽度的线头制作线环，从线环中将线拉出。

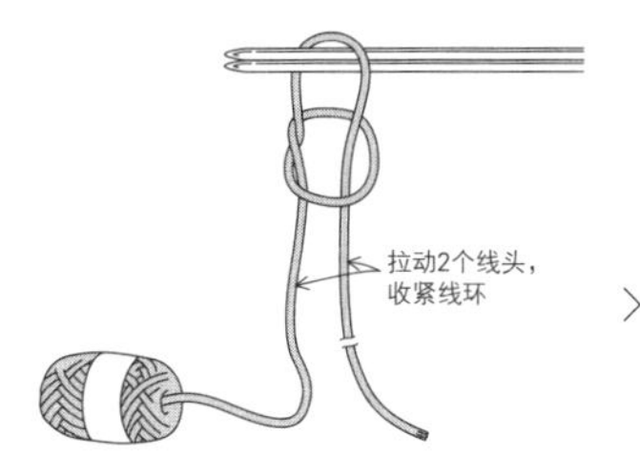
拉动2个线头，
收紧线环
②插入2根棒针，拉动线头，收紧线环。

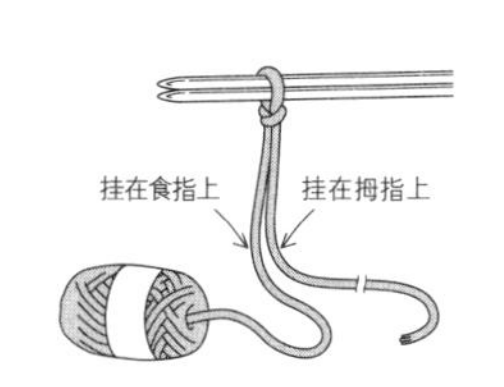
挂在食指上
挂在拇指上
③第1针完成。将线头一侧的线挂在拇指上，将线团一侧的线挂在食指上。

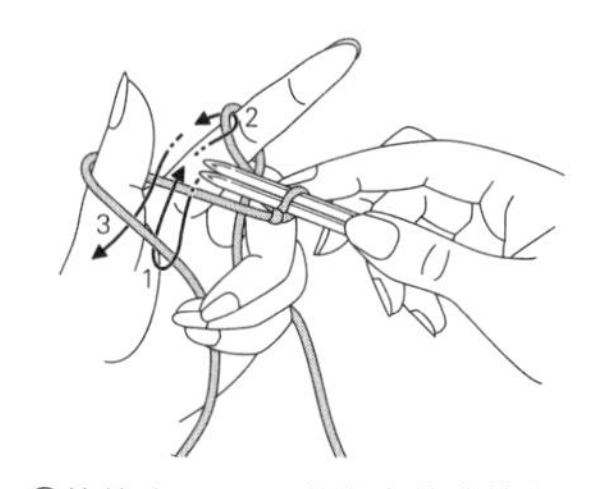
2
3
1
④按箭头1、2、3的顺序转动针头，在棒针上挂线。

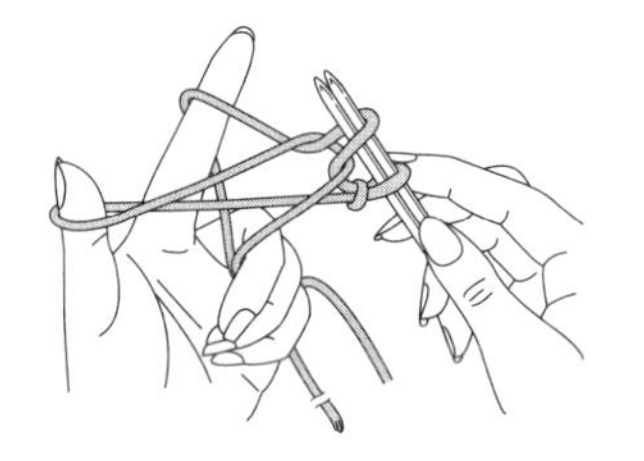
⑤挂线后的状态。暂时取下拇指上的线。

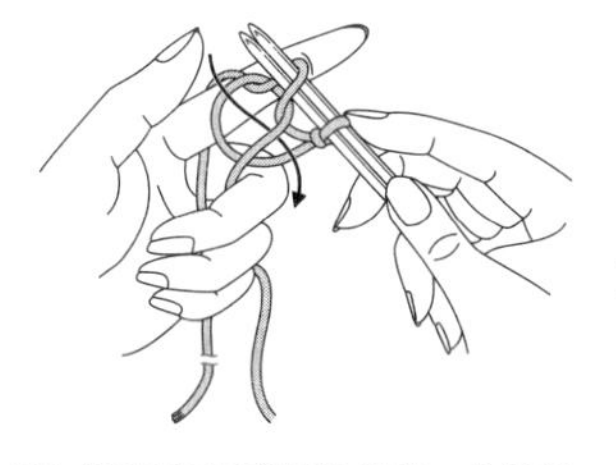
⑥如箭头所示重新插入拇指，拉紧线头一侧的线。

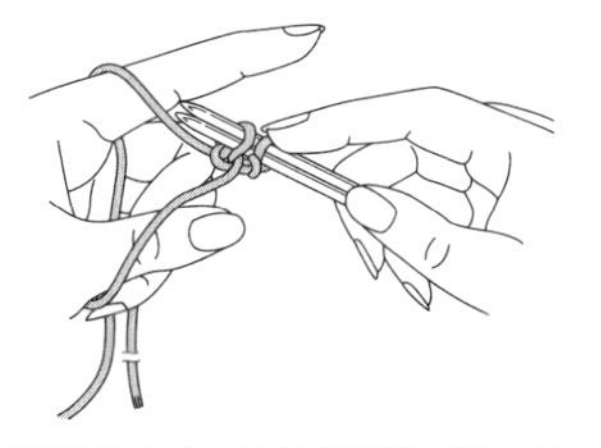
⑦第2针完成。重复步骤④~⑥起好所需针数。

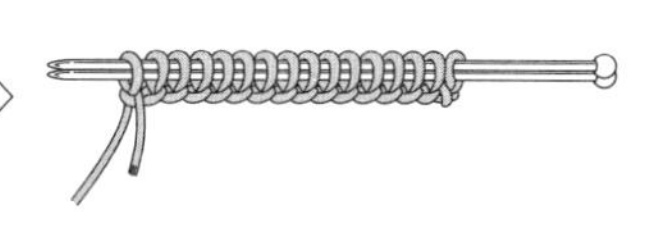
⑧起针完成，这就是第1行。第2行抽出1根棒针后开始编织。

棒针编织的针法符号和编织方法

 下针

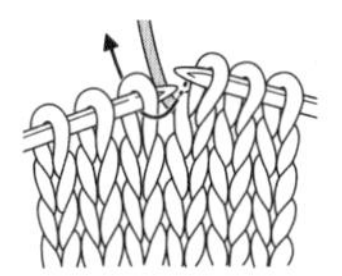
①将线放在织物的后面，从前面插入右棒针。

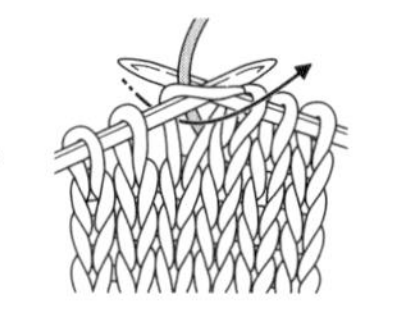
②挂线，将线拉出至前面。

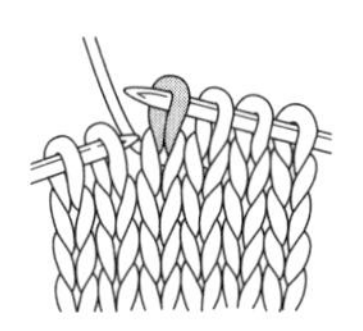
③退出左棒针取下针目，下针完成。

上针

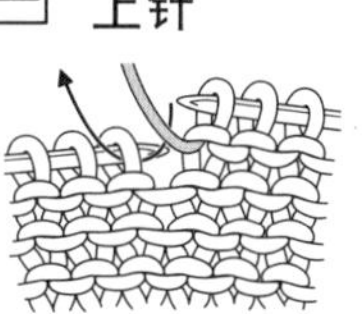
①将线放在织物的前面，从后面插入右棒针。

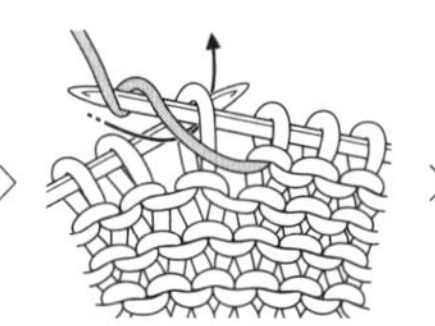
②挂线，将线拉出至后面。

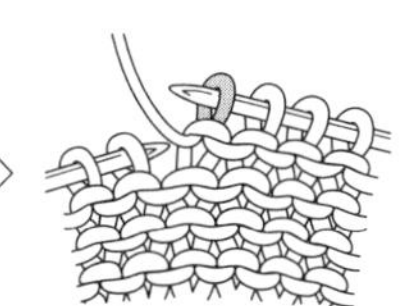
③退出左棒针取下针目，上针完成。

伏针

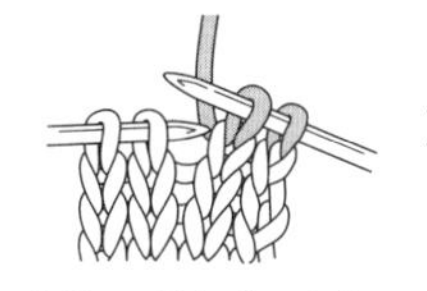
①编织2针与前一行相同的针目。

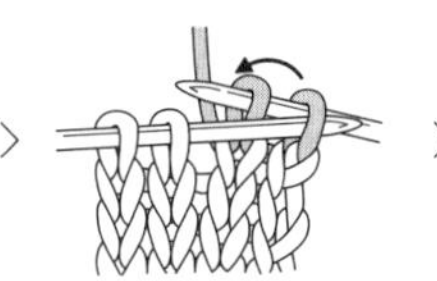
②用左棒针挑起右边的针目，将其覆盖在左边的针目上。

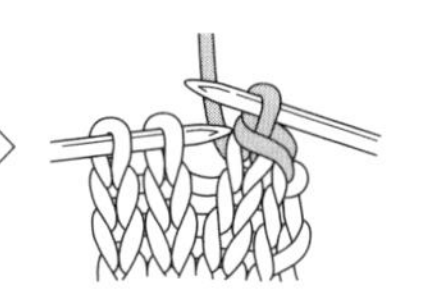
③伏针完成。重复"编织1针，覆盖"。

卷针

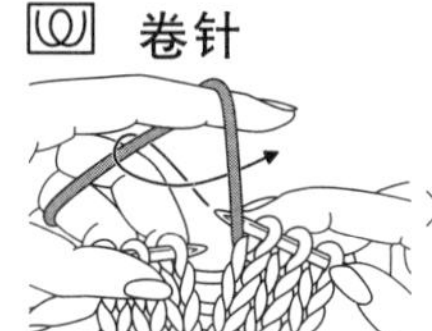
①转动针头绕线，制作针目。

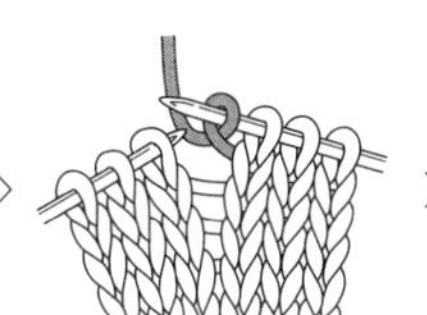
②卷针完成。

③也可以在手指上绕线，然后将针目移至棒针上。

纵向渡线的配色花样

此处以下方花样为例进行说明。

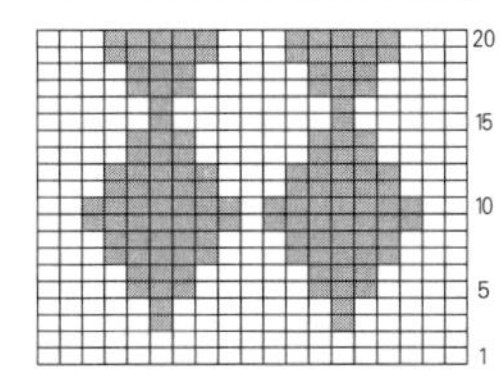
20
15
10
5
1

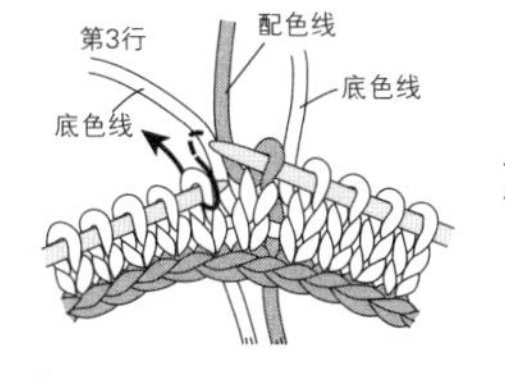
第3行
配色线
底色线
底色线
①在菱形图案的各个顶端分别加入配色线开始编织。

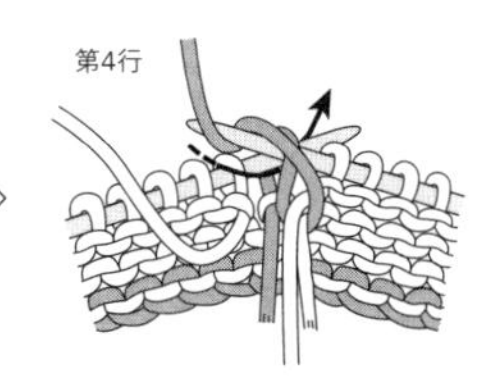
第4行
②换成配色线时，从底色线的下方渡线交叉后编织。

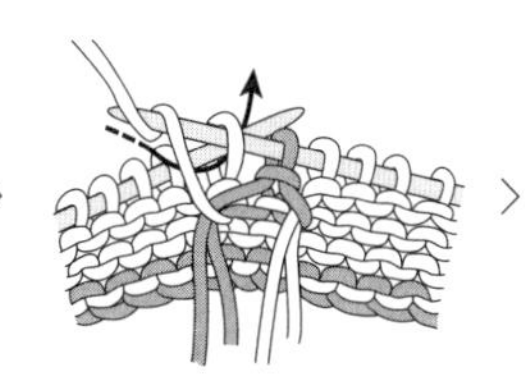
③换成底色线时也一样，从配色线的下方渡线交叉后编织。

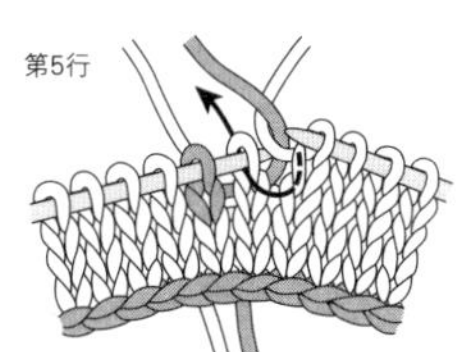
第5行
④看着正面编织的行也是将编织线从下方渡线交叉后编织。

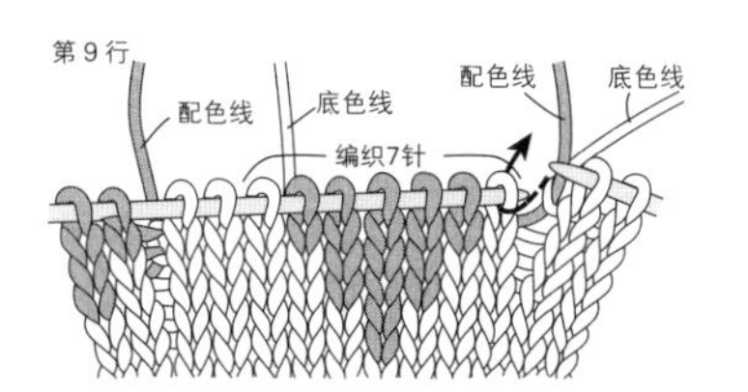
第 9 行
配色线
底色线
配色线
底色线
编织7针
⑤一边在换色时交叉线一边编织。

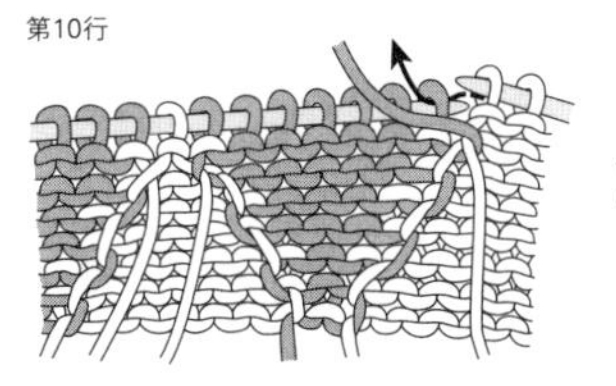
第10行
⑥反面也是一边在换色时交叉线一边编织。

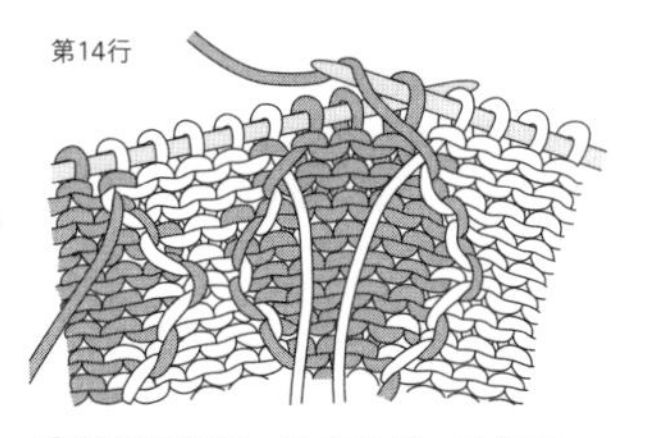
第14行
⑦按相同要领一边交叉线一边编织。这是反面的渡线状态。

12 kagetsu no Ami bag (NV70641)
Copyright: © Eriko Aoki / NIHON VOGUE-SHA 2021 All rights reserved.
Photographer: Yukari Shirai
Original Japanese edition published in Japan by NIHON VOGUE Corp.
Simplified Chinese translation rights arranged with Beijing Vogue Dacheng Craft Co., Ltd.

严禁复制和出售（无论商店还是网店等任何途径）本书中的作品。
版权所有，翻印必究
备案号：豫著许可备字-2023-A-0034

青木惠理子 ERIKO AOKI

出生于日本神奈川县。毕业于服饰类专科学校，先后在服装企业和杂货店工作，1996年开始作为手工艺作家开展活动。主要运用缝纫和编织技法创作包包和小物等作品，还通过杂志和图书等发表作品，举办个展，开办手作教室等，在很多方面都很活跃。简单实用的设计、精致的做工都赢得了广泛好评。出版了多本著作，譬如《麻线编织的包包和小物》（文化出版局）、《日常使用的环保袋》（朝日新闻出版社），《麻线编织的时尚手提包》《麻线、棉线编织的包袋和配饰》《麻绳编织的收纳篮和包袋》均已由河南科学技术出版社引进出版。

图书在版编目（CIP）数据

青木惠理子的四季钩编包包 /（日）青木惠理子著；蒋幼幼译. —郑州：河南科学技术出版社，2024.1

ISBN 978-7-5725-1356-5

Ⅰ. ①青… Ⅱ. ①青… ②蒋… Ⅲ. ①包袋-钩针-编织-图集 Ⅳ. ①TS935.521-64

中国国家版本馆CIP数据核字（2023）第227379号

出版发行：河南科学技术出版社
地址：郑州市郑东新区祥盛街27号 邮编：450016
电话：（0371）65737028 65788613
网址：www.hnstp.cn
策划编辑：仝广娜
责任编辑：葛鹏程
责任校对：王晓红
封面设计：张 伟
责任印制：徐海东
印 刷：北京盛通印刷股份有限公司
经 销：全国新华书店
开 本：889 mm × 1 194 mm 1/16 印张：6 字数：200千字
版 次：2024年1月第1版 2024年1月第1次印刷
定 价：49.00元

如发现印、装质量问题，影响阅读，请与出版社联系并调换。